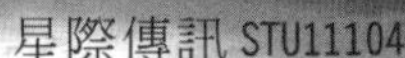

星際傳訊 STU11104

外星地囚

廖日昇◎著

隱藏在道西地下的人間煉獄

第一次人類與外星人的戰爭(1979年道西事件)。
人類秘密綁架自己同類做基因實驗。
善良的外星人協助人類抵抗邪惡的外星人。
道西基地下深處，還有一個外星人基地。
眞實參與道西戰爭的人員背景介紹。
闡述3名受害人士的來龍去脈。

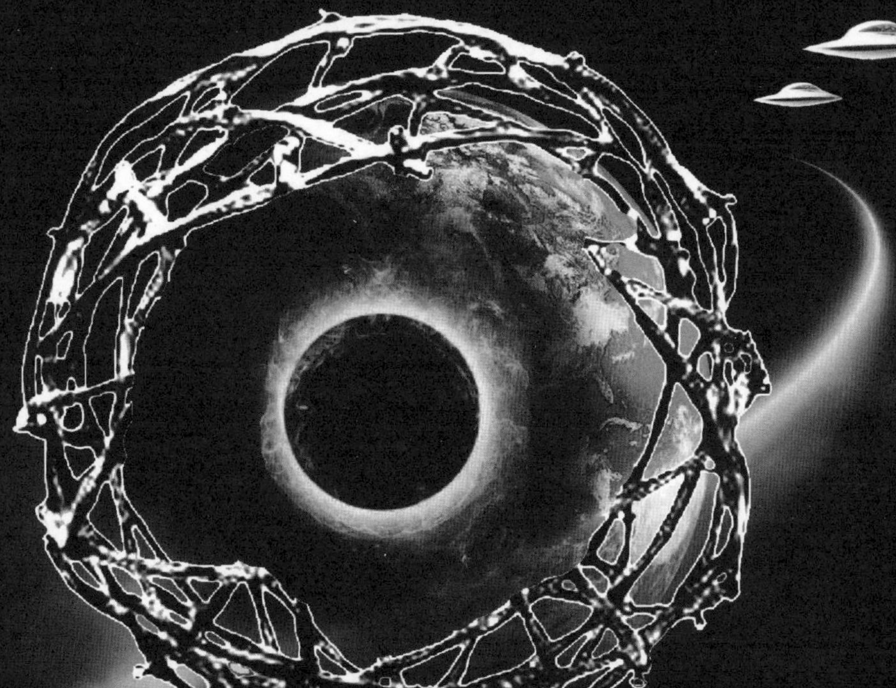

目次

艾爾・普拉特（Al Pratt）有好幾日沒有朋友菲利普的音訊。後來發現，他已經陳屍在公寓裡五到七天。菲利普生前患有骨質疏鬆症和癌症。他有數百枚彈片傷口，腦袋有一塊鐵皮，大腦中有一塊金屬碎片，且失去了左手兩隻手指，他的腳趾甲也被燒掉了。據說這是當他與地下基地的兩個灰人戰鬥時失去的。歷經了種種依然大難不死的菲利普，艾爾・普拉特相信他的死不單純……

這座特殊的地下城市是一個高度機密的基地，由人類以及爬行動物外星人和他們的工人（即常見的灰人）組成。顯然，在這裡進行了大量的實驗項目，它們主要是對被綁架的男人、女人和兒童進行基因實驗。道西基地還有無數其他專業科學項目，包括但不限於原子操作、克隆、人類超自

第五章 道西基地的真實面貌(2)——層層戒備的地下大殿 133

在內華達州拉斯維加斯的演講中，約翰・羅德斯（John Rhodes）提到，道西基地的平面圖是按照托馬斯・卡斯特羅的原圖繪製，他發現它的佈局似乎是經過精心策劃的。總共有7層，其中第1層是做為安全和通訊功用。有車庫、街道維護設備、照相館、種植新鮮蔬菜、水果、豆類等的水培花園、人類住房、食堂、貴賓室、廚房和安全車輛車庫等等。第2層是做為人類工作人員的住房……

推薦序一　蓋亞之人天上來　飄流地球不復還

如果你是相信有飛碟外星人的地球人，那麼這本書會提供你很多意想不到的資料，會大開你的腦洞，因為每一段提到的人物及經歷，都是那麼的詳實，可供你無限思考。

如果你是不相信飛碟外星人的地球人，那麼可以將本書當作科幻小說來看，當作胡說八道的傳奇小說，但是，我想問，你編得出如此超出地球人認知與超科學的情節嗎？

我在八〇年代由於翻譯飛碟書與研究ＵＦＯ，當時也加入過書中提到的美國「空中現象研究組織（Aero Phenomena Research Organization）」和「ＵＦＯ相互網（Mutual UFO Network）」，經常從 email 收到他們發布的資料。經過四十年後的今天在閱讀這本書時，除了一些九〇年代新增加的事件，以及道西基地的內容之外，裡面很多人物、地點、基地、單位、事件、會議記錄等，彷彿又回到當時的場景，歷歷在目，有一股無法形容的心情。

地球人已經進入寶瓶座時代了，這是一個心靈將會高度發展的新世紀，不同於過去理性科學的雙魚座時代。君不見這些年來，心靈書籍與心靈團體大量湧出，意味著人類過去被唯物科學意識綁架的心靈，必定要釋放開來進入到「心物合一」

甲骨文的「天」是

金文的「天」是

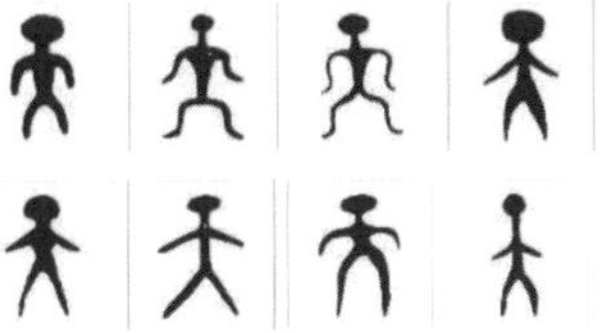

的時代，更而邁向「天人合一」的境界，此「天」就是指外星意識、宇宙意識。

這些形象是什麼？讓現代年輕人來看，不就是各式各樣的「外星人」嗎？問題是，三千年以前的古人為什麼會用這些形象來代表「天」？所以，要相信外星人的存在，也要相信外星人早就來過地球。

過去的年代是「要看見才會相信」，很多人認為科學證明了，才能相信，事實上這是最不科學的，舉個例子，一六七五年荷蘭的雷文霍克（A. van Leeuwenhoek）福至心靈地將水滴放到顯微鏡下觀察，赫然發現水中竟然有許多不停游動的微小生物，從此人類才知道有肉眼看不到的細菌。問題是：地球數十億年以來，沒有人類之前的地球早就存在細菌，細菌需要人類去證明牠們的存在嗎？

同理，外星人也不需要地球人去「證明」他們的存在！未來是「先相信才能看見」的心靈科學時代，祝福先相信的讀友們！

呂尚（呂應鐘教授）台灣飛碟學會創會理事長

推薦序二　長夜漫漫，宇宙黯淡，誰啟以光明？

題辭：

"Man is only a reed, the weakest thing in nature; but he is a thinking reed."

~Blaise Pascal (1623—1662)~

歲月長逝，物是人非。二〇二二年即將進入歷史，彈指間（並非灰飛煙滅），二十一世紀已逝去1/5。吾非上帝，無法預見「世紀末」（fin de siècle）的可能面目，但瞭望心海的地平線，當可預測三、五年之後，世界的基本「顏值」。譬如：人口的成長會繼續爆炸，但以尼格羅（Negroid）種獨佔鰲頭，高度開發國家，均有人口下降的趨勢。

「忠孝節義」本為道德原則的核心，卻被自認走在時代前端者，視為保守、封建、迂腐、腦殘，企圖「大破」，卻無「大立」，「去ＸＸ化」風起雲湧，「這個國家」也不遑多讓。昔日：消費刺激生產，今日：節約資源第一。昔日：守身如玉，今日：先「有」後婚。社會的結構出現量變與質變的局面，但嶄新的信仰體系並未形塑，成為六神無主、人慾橫流的禽獸社會。

攻城掠地為發動傳統戰爭的主軸，但未來的戰事係以掠奪資源為優先，從糧食到能源，即民生用品為主。驗證前美國總統克林頓所言：「笨蛋，問題在經濟」，孫中山在百餘年前早已指出，民生主義是三民主義的根基，民生問題才是最根本的問題。

「已有的事，後必再有。已行的事，後必再行。日光之下並無新事。」（《舊約全書》：傳道書：一：9）鑽研幽浮與地外文明，並非新鮮事，因古已有之。如：中國編年史的名著《資治通鑑》，即有一百多筆記載幽浮現象，民間的鄉鎮志，亦史不絕書。竟日忙著投資股票、存款、提款，腦袋裡只有$的「生物人」，不妨仰望星空，提昇至「社會人」和「文化人」的境界。

數千年以降，各種知識所累積的量相當驚人，若推論地外文明比地球進步多少倍或數百、數千、甚至數萬年，恐有過度誇張的嫌疑。「因為多有智慧，就多有愁煩。加增知識的，就加增憂傷。」（《舊約全書》：傳道書：一：18）越瞭解地外文明，就會越謙虛，因人類並非「萬物之靈」，地球→太陽系→銀河系亦非宇宙的中心。

「外星人入侵」似乎只是科幻小說的情節，如今已噩夢成真。宇宙中的暗能量（dark energy）與暗物質（dark matter）占98％以上，靈界與物質宇宙是否重疊？外星文明也有宗教信仰，卻不知彼等的創造神尊姓大名。部分自然科學的原理，並非放諸四海而皆準。幽浮的飛行速度已超越光速，故光速恐非最快的速度。

一九四七年六月二十四日，美國人阿諾德（Kenneth Arnold, 1915-1984）在華盛頓州雷尼爾山（Mount Rainier），從自駕的飛機上，目睹九架航空器，估計時速達一千六百公里，首創飛碟（flying saucer, flying disk）一詞。一九四七年七月四日，發生著名的羅斯威爾事件（Roswell UFO Incident）。一九四七年九月二十四日，杜魯門總統成立由12人組成的MJ-12委員會。一九五二年，美國空軍提出UFO一詞。其後，飛碟和幽浮（不明飛行物）詞彙，成為風行全球的用語。

吾人當可藉外星生物的高科技，窺伺宇宙的真實結構與取向，但天下沒有白吃的午餐，人類必須付出慘重的代價。「天地不仁，以萬物為芻狗；聖人不仁，以百姓為芻狗。」（《老子》：第五章）孫中山曰：「安危他日終須仗，甘苦來時要共嚐。」星際大戰恐非天方夜譚，科幻作品常隱含預言性，令人無法樂觀的是人類有獲勝的機會嗎？

君不見，在加油站可目睹失蹤兒童的海報，有些已杳無訊息數十年，現在已是中年人。生要見人，死要見屍，在陰（觀落陰）陽兩界探詢，卻「兩處茫茫皆不見」。美國政府跟外星生物暗通款曲，簽訂密約，允許彼等蒐集人類及動物的標本，此外，已控制科學家的心智。本書透露外星生物來自六種不同的文化，更勁爆內幕者，坦承擁有三億三千萬人口的美國，竟然有1/40被植入「裝置」，美國已成為外星生物的首要殖民地。

地球中空論（Hollow Earth Theory）可對應地下世界的結構。本書言及有兩個美國，一在地上，一在地下，而全美有50個祕密入口。台灣也有許多地道，卻不知係來自造山及造陸運動所天然形成，抑或是人工挖掘者。眾所周知，日本人在統治台灣期間，大肆掠奪各種資源（如：神木），並種植鴉片。二戰末期，將帶不走的金銀珠寶，就地掩埋，曾火紅一時的尋寶行動，並無具體的發現。

納粹在歐洲佔領區所掠奪的文物，許多已人間蒸發，不知下落。在廣袤的大地之下，隱藏太多的秘密，自認擁有高度通靈能力者，是否可藉靈視，尋找這些文物，甚至外星生物活動的場域？

唐代鑑真大師（六八八—七六三）在〈記諸佛子〉一文中留下「山川異域，日月同天；記諸佛子，共結來緣。」的金句，面對邪惡的外星生物，慈悲真的沒有敵人嗎？外星生物擔心人類的核武和核輻射，已是毫無新鮮感的老梗。從美國西部沙漠裡的實驗場，到爆炸現場（廣島、長崎），傳聞均有幽浮出現，因其影響地下世界的安危，故引起「好兄弟」的關切。

不知精通面相術的大師，對外星生物的尊容，有何深度的分析？人類的詮釋理論是否可全然copy？從歷史發展的軌跡觀之，人類似乎並未掌握絕對的自主性。創造的少數（菁英分子）與追隨的多數（普羅大眾）互相影響，推動歷史巨輪的前進，卻忽略「外力」介入的可能性。如今，已有種種跡象顯示，地球早已成為地外文明的殖民星球。外星生物長期監控地球上的動態，不時介入人類的家務事，只允許少數人知道真相，猶如基督教教義所強調「信靠者多，被揀選者少。」

陰謀論無所不在，尤以政壇的爾虞我詐為然，俗云：「明槍易躲，暗箭難防」，黨外有黨，黨內有派。政治人物常被身邊的心腹「做掉」，因彼等了解主子的個性和作息，一旦有貳心，則會造成悲劇。醫師的快樂建築在病人的痛苦上，影子政府是真正的老大哥（Big Brother），外星生物居心叵測，並不可信任。

彼等的「人」格特質有：懼光，說謊，毫無樂趣，有讀心術（mind reading），甚至會變臉（並非川劇），不吃人肉，但會傳達宗教訊息（不知是否為邪教）。本書透露全球有一千四百七十七處地下基地，美國擁有129處，多國軍隊一直在跟外星生物交戰。道西基地有37種外星種族，共一萬八千個矮灰人，一九七九年末發生衝突，雙方都有傷亡。聯軍用英語溝通，外星生物使用天氣控制，如：洪水、乾旱、風暴，讓國家屈服，又用控制心智洗腦，甚至改變氣場，乍聽之下，以為是神話。

不論民主或專制的政府，均在搞愚民政策。政治活動的本質即是權力的分配問題，掌權者不論敵、友，均需防範被奪權。跟外星生物打交道，必須要提防「被消失」，比「被自殺」和「被他殺」更恐怖。

英國的國會（parliament）自詡，除了不會將男人變成女人，或將女人變成男人之外，無所不能。而變性手術，始於道西基地，跟同性婚姻一樣，除非有特殊的生理與心理因素，不宜強制禁止或大力提倡，因已違反自然律（law of nature），如近親通婚，將會導致種族滅絕。

陽光、空氣、水，一向被稱為生命的三要素，但輓近證實，只要有水就有生命，水是生命的根基，地外星球不論物理條件如何，只要有液態水或固態水，就可能有生命存在。「做人難，難做人，人難做」，「人生如朝露」（Life is transient.），陽壽有限，何必自我作賤，成為外星生物的奴隸。

納粹思想並未隨德意志第三帝國的滅亡而銷聲匿跡，奇特的是道西基地的代號 ULTRA，即納粹在南極洲建立秘密基地的代號，兩者之間，是否有神秘的關聯？希特勒陰魂不散，與時推移，不僅成為鄉野傳奇，甚至蛻變成匪夷所思的神話。納粹德國與地外文明的關係，堪稱謎中之謎（enigma in an enigma）。

德國柏林國會大廈（Reichstag）的圓頂採透明玻璃設計，訪客可從上往下俯瞰開會的情形，象徵民主政治應有相當的透明度，即被統治者（人民）有權知道統治者（政府）的所作所為。頂部展示有關國會歷史的照片，內有可容納28名成人的超大電梯，顯示德國傲人的工業實力。轉動地球儀，二百多個主權獨立國家，在此藍色行星上休戚與共，卻無法和平共存。人類史＝戰爭史，人是地球上作惡多端的恐怖分子，只有人才擁有自我毀滅的能力，結論是為拯救地球，最好先消滅人類。

人生如打電話，不是你先「掛」，就是我先「掛」。由於幽冥意識作祟，政治優生學（eugenics）不時浮現，如當今美國感染心冠病毒的往生者，多為中、低收入戶和所謂有色人種，猶如借刀殺人，以淘汰劣等人（undesirable），視為天意。

對付外星生物，可用光束、病毒、生化武器消滅。外星生物扮演救世主（Messiah）的角色，決定何人可存活，何人應該被淘汰。截至目前為止，外星生物除將部分高科技傳授給美國以外，對靈性的提昇毫無裨益。寄望在哪個黃道吉日，吹哨者良心發現，不妨驚爆51區駭人聽聞的內幕，可能比道西基地更驚悚。在歷經滄桑之後，才更應思考人生的意義焉在？

周健

推薦序三　比一般人知道的道西基地更加精采！

對熟悉外星人的讀者來說，相信「道西」不是一個陌生的詞。網路上已經充斥著大量有關道西基地的消息。而那些對道西基地有研究的人更不用說了，一定非常透徹地瞭解道西。網路上也有很多的頻道主做過道西基地的介紹。

但是，就在大家認為沒有什麼值得一探究竟的新消息時，知名頻道如 The Why Files、Bedtime Stories 等等近期發布的新影片中，竟然特別再次地對道西基地做一集更完整的介紹。是什麼樣的資訊，讓這些頻道與書籍一再重提道西基地呢？

讀過本書之後，你就會知道，原來是有更勁爆的內幕尚未被挖出來。

作者從《外星科技大解密》開始，陸陸續續地出版了《外星科技大解密》、《外星百科全書》，無一是對外星人非常瞭解的人才能寫的出來。裡面的內容令人大開眼界，提到的內容也都是一般人接觸不到的資訊。作者是如何在有限的人生經歷裡，消化出了這麼大量的外星資訊，著實令人敬佩。我們可以知道作者是一心一意都投入在外星議題的研究。

不得不承認，作者長居美國是一個優勢，國外的外星人資訊量還是比較豐富的。光是書裡的附注解釋就足夠再出好幾本書了。

作者對書名也別出心裁。相比起宇宙裡的其他地方，地球是一個人類美好的居住地。但顯而易見的是，地囚一詞有玄外之音。「地球」實質上是一個「地囚」，囚禁人類。「地球監獄論」是一個有趣、細思極恐的假說。當人們沒有意識到時，會覺得一切都在美好之中。但當你意識到這一切的一切，就會像《楚門的世界》裡的男主角一樣，迫不及待地想要逃離。

其實道西事件在美國尚未獨立之前就已經發生，早在印第安人祖先裡就有傳說。

美國政府和外星人簽訂了壹個協議，允許外星人捕捉地球的人和動物做實驗，外星人提供先進科技給美國做為條件交換。在美國確實發生了牲畜被神秘屠殺事件，時間從200多年前一直持續到現在，並且每年都發生從未停止過這些事件，因為持續的時間很長，所以累計的案例非常多，已經記錄檔案超過了0000件之多，而且不只是牛隻，還有狗、馬……等等。

外星人並不是在動物全身上切割肉，而是只切割發生在很難解剖的頭部，以及生殖器部位，精確切割了半張臉或者割走了舌頭，這種技術只有專業的外科醫生才能辦得到，他們完成切割的事發地點，除了屍體之外沒有留下任何痕跡。按照最早的屠牛事件，在白人尚未登陸美國就已經出現在印第安人的傳說裡。其中最明確證據，是出現在一八九七年美國政治家、金融制度的造者亞歷山大．漢密爾頓，發現大部分的屠牛事件都發生在一條直線上，這條直線的盡頭指向道西基地。這就可以解釋解剖者外星人是乘坐飛行器行動的，所以才會走一條直線，當地警探艾弗裏．塔弗亞說ＵＦＯ在這裡頻繁出沒，在當地是家喻戶曉的事。

塔弗亞說山上會發出神秘的亮光，並且會從山體裡傳來莫名其妙的機械聲，當地不僅發生過牛被解剖屠殺事件，而且還有女生居民聲稱被綁架進入了基地內部，看見過泡在溶液中的神秘器官，馬庫雷塔山的山頂是可以通過汽車開上去，因為山頂上有一些神秘的電子設備需要維護，但是山體的另一邊有一道隔離網無法越過。

美國著名的Discover節目組的記者，為了拍攝一部關於ＵＦＯ的紀錄片專門來到了杜爾賽鎮，尋找有關到西基地的蛛絲馬跡，為節目組記者擔任嚮導的是ＦＢＩ前特工漢森，該節目組曾經極度接近阿庫雷塔山背後，那裡有傳說中的基地入口，但是由於物理阻隔無法到達，當他們用熱像儀拍攝山體的時候，發現從山後冒出了巨大的熱羽流，有熱羽流意味著地下持續向空中排放熱氣，但附近並沒有火山，熱羽流並不是簡單的熱氣，形成需要有一定的條件。

我們從嘴裡呼出的氣體，雖然也比外界環境溫度高，但是不能形成了熱羽流，因為缺乏足夠的動量，熱羽流行成，不僅排氣要比環境溫度高，而且要有足夠的動量，噴射足夠遠，熱氣邊界和周圍介質邊界比較清晰，一般情況下，這都是在噴氣發動機 火箭發動機尾部才會形成的。

如果氣流超過音速，會形成明顯的馬赫環，這次聲波打擊在噴射火焰上的痕跡，攝像與照片中羽流與山體的對比看出，這一股熱羽流非常的大，高達 5 至 600 米，所以基本上排除了是由地下排氣口形成的熱流，排風機還沒有那麼高的速度和這麼大的量，只可能解釋為山體中有發熱量巨大的熱源，需要高速冷卻氣流，或者本身就存在一個設備，高速噴出熱氣，不禁令人思索，這非人類現有科技所能造成的現象，與外星科技有密切的關係。

總的來說，這本書能夠顛覆你對道西基地的認知。

你知道，哪些外星人也在協助人類嗎？

你知道，參與道西戰爭的詳細人員嗎？

你知道，道西基地底下還有另外一個基地嗎？

讀完這本書你會發現，你所瞭解的道西基地只是冰山一角而已。

美國密西西北大學博士（一九八九）

曾任桃園美國學校校長及大學教授——劉原超

序言

新墨西哥州的道西（Dulce）是一個奇怪的地方，它是一個安靜的小鎮，坐落在新墨西哥州北部科羅拉多州邊境以南的阿丘萊塔台地（Archuletta Mesa）上，海拔高度七千呎以上。鎮上的居民多是當地印第安原住民，外人多是遊客或訪客。

道西及其附近地區數十年來透著一股神秘氣息，當地居民不僅頻繁看見不明亮光與ＵＦＯ，且牛體殘割與人類綁架在當地已是平常話題。神秘人物布蘭頓（Branton）的信息指出，道西附近的地下基地似乎是外星和地下爬行動物活動的主要通過點，地表操作的中央滲透區，以及當然地，它是綁架—植入—牛殘割議程的操作基地，除此，它也是地下穿梭終點站的主要匯合點及ＵＦＯ港口等。

最重要的信息來自前道西基地安全官托馬斯・卡斯特羅（Thomas Castello），他宣稱，道西基地是一個高度機密的基地，它由人類以及灰人／爬行動物外星人和他們的工人組成。他們在這裡進行了大量的實驗項目，其主要工作是對被綁架的男人、女人和兒童進行基因實驗。

托馬斯的說詞最震撼人心之處是，道西地下基地不過是美國龐大地下穿梭網絡的一個站點，而其餘的站點則遍佈全國，它們縱橫交錯，就像一條無盡的地下高速公路。

有人可能會問，道西基地如此神秘，有無可能找到其地面出口？托馬斯稱道西附近及其周圍有100多個秘密出口。許多就位在阿丘萊塔台地附近，其他則在道西湖南側的附近（如埃爾瓦多大壩（El Vado Dam）），甚至遠至林德里斯（Lindrith）的東面，各個地面出口均有警報和攝像系統。迄今除了道西基地前安全官湯馬斯・卡斯特羅外，沒有人能在活著狀態下公開指出基地的出入口，而不幸的是，湯馬斯並未明確指出他最後賴以出逃的出入口。此外，據稱台地頂部有五個通風井（也能循此進入基地），大多數通風口內都有攝像系統。

雖然有以上的初步線索，但我並不建議任何人去冒險尋找出口，因你一旦發現疑似的出口，好奇心必然導引你進一步深入，而這可能是一條不歸路。甚至連本書曾明確指明路徑的雷丁戰爭牧場（Redding War Ranch）廢棄農舍也不建議你進入一探究竟，它可能是道西基地的外圍工事，如果你闖入，則後果自負。

據傳，一九七九年末道西基地曾爆發涉及人類與外星人的戰爭，這場戰爭的外力介入者是由卡特總統所派遣。本書的主要目的就是針對一九七九年末的道西基地軍事衝突，敘述其前因後果，並細節描述道西實驗室的真貌。這是一場真實發生在人類身上的慘劇和怪劇，其影響深遠且無法預料後果。究竟後事會如何演變及人類的前景如何，就讓尚大半處於無知或一知半解的我們這一代人拭目以待。

第①章

地球之瘤——灰人入侵地球的目的

本章的首要課題——灰人的陰謀活動，其部份資訊是來自電子專家保羅・本尼維茲的 Beta 計劃。因此在進入本章主題之前，首先要提本尼維茲這個人，原因是他首先曝光灰人的陰謀，他也因而成為一九八〇年代 UFO 陰謀論的始作俑者。

本尼維茲擁有電子學碩士學位，他曾攻讀物理學博士學位，有時在 UFO 文獻中稱他為保羅・本尼維茲博士。他是迅雷科技公司（Thunder Scientific Corp）的東主，他的公司專門為美國宇航局（NASA）和美國空軍（USAF）製造溫度和濕度儀器，公司就位在柯特蘭空軍基地（Kirtland AFB）大門的右側，它曾為桑迪亞實驗室（Sandia Labs）、菲利普斯實驗室（Phillips Labs）、柯特蘭空軍基地和許多其他此類組織工作。本尼維茲還對不明飛行物有濃厚的興趣，並且是吉姆（Jim）和柯羅・洛倫岑（Coral Lorenzen）創立的亞利桑那不明飛行物小組——「航空現象研究組織」（APRO）的調查員。

在本尼維茲位於阿爾伯克基（Albuquerque）郊區的家中，他和其他人一起在阿爾伯克基郊外的曼薩諾（Manzano）測試場上空看到了夜空中的奇異亮光物體。亮光物體似乎每天晚上都會出現，並飛向郊狼峽谷（Coyote Canyon），郊狼峽谷也是柯特蘭空軍基地地區的一部分，峽谷範圍包括桑迪亞實驗室和菲利普斯實驗室，這兩個實驗室都在進行超絕密的政府計劃研究。本尼維茲後來確信這些物體與新墨西哥州北部道西附近的一個地下基地有某種聯繫，這一聯繫的說法似乎是由柯特蘭空軍基地空軍特別調查辦公室（AFOSI）的理查德．多蒂提出的。

一些研究人員（例如格雷格．畢曉普）認為他正在研究 Starfire 計劃（當時由位於曼薩諾基地附近的桑迪亞實驗室開發的基於雷射的光學跟蹤系統）的一些測試，或者可能是對遠程控制原型的一些測試，當時它可能是由桑迪亞實驗室獨立開發的空中平台（現在的無人機）。

本尼維茲對 UFO 及外星人的研究從一開始就抱著求真與求是的態度，他從一九七九年底開始拍攝、拍照和電子攔截那些似乎是廣泛的 UFO／ET 活動和通訊，而這些跡象被追蹤到靠近道西附近的地下設施。根據收集到的證據，本尼維茲得到的結論是，道西附近存在一個地下外星人基地，該基地在殘割牛和綁架平民方面脫離不了關係。但他畢竟是個科技人及公司經營者，無法理解（可能也未曾聽說過）美國情報當局的反情報運作。

當本尼維茲將自己對外星人的調查與發現通知軍方時，如果處有其事，軍方可能置之不理，則本尼維茲尚可能平安無事。不幸地，在本尼維茲的案例，其報告並非全然是虛妄，軍方可能心虛，竟然對其進行反情報作戰，而空軍特別調查辦公室（AFOSI）的反情報特工理查德．多蒂（Richard Doty）和史蒂夫．阿特沃特（Steve Atwater）兩人就成了空軍淌渾水的卒子，尤其是前者。他倆經過精心策劃，其策略是先提供虛假信息給 UFO 圈內人威廉．摩爾（William "Bill" Moore），再由後者將該假信息傳遞給本尼維茲。這些假信息包括偽造的「水瓶座文件」（Aquarius Document），[1]其內容包括驗證本尼維茲關於道西的灰人與地下基地的說法。這些假信息的目的就是抹黑本尼維茲，最終導致本尼維茲的信用破損及精神蒙受重大傷害。

多蒂最初於一九七九年、一九八〇年和一九八一年左右在新墨西哥州阿爾伯克基的柯特蘭空軍基地（Kirtland AFB）空軍特別調查辦公室（AFOSI）工作。他不是高級軍官。他聲稱他與摩爾一起以官方身份參與虛假信息。同樣，沒有文件表明他以任何官方身份參與了柯特蘭空軍基地的空軍特別調查辦公室的此類虛假信息策略。後來，多蒂成為塞波計劃（SERPO PROJECT）的推動者，一些研究人員似乎將該計劃描述為子虛烏有。多蒂目前可能已從新墨西哥州公路巡警退休。

雖然受了多蒂的偽資訊滲透，但本尼維茲自身的研究工作——Beta 計劃卻仍然有其真實性，那些看過本尼維茲提供的影片，及聽過低頻無線電傳輸錄音帶的人堅稱，毫無疑問地，本尼維茲拍攝和錄製的對象是真實現象。本尼維茲究竟拍攝和錄製了什麼，竟引得美國軍方如此大陣仗地對付他？

其次，本章的主題——灰人，他們沒有感情，只能通過心靈感應進行交流。從膚色看，據被綁架者報導，有棕褐色、白色和藍色。從身形看，有高灰人與矮灰人之分。矮灰人包括來自澤塔網罟星系和獵戶座無處不在的灰人，後者主要是指參宿七（Rigel）星系的矮灰人；大鼻子高灰人則來自獵戶座參宿四（Betelgeuse）恆星。（見《外星科技大解密》第5章）高灰人與艾森豪威爾總統於一九五四年下半年在愛德華茲空軍基地簽訂了正式條約，然後，美國政府接待了第一位來自外太空的外星大使。他的名字和頭銜是「全能的 Krllll 殿下」，發音為 Krill。在美國一向蔑視皇室頭銜的傳統中，他被偷偷地稱為「原人質 Krllll」。

就實而論灰人種族及來源極為複雜，僅埃本人就創造了幾種不同品種的轉基因生物，其顏色是灰色的混合種族；哈波人（Hepaloids）（見《外星生活大傳奇》第1章）也創造了幾種不同的轉基因生物，它們也是灰色的混合種族。而在以上的灰色混合種族中有些更是混血的混合物。這就是為什麼嘗試完全了解所有不同的外星種族如此復雜的原因，它們甚至比這複雜得多。為了縮小討論面及也大致不違反事實，本章的主題灰人主要是指來自獵戶座的高矮灰人，其次才是澤塔II的埃本人及以上兩種星座灰人創造的混血混合種族。

五十年代，EBES（灰人）開始對大量人類進行實驗。到了六十年代，速度加快了，他們開始變得粗心（他們不在乎）。到了七十年代，他們的真面目已經很明顯了，但政府的「特別小組」仍然不斷地為他們掩飾。到八十年代，政府意識到對灰人沒有任何防禦措施。所以……制定了計劃，讓公眾為與非人類的「外星人」開放接觸做好準備。

灰人和爬虫類的天龍族（Reptoids）彼此結盟。但是，他們的關係處於緊張狀態。灰人唯一已知的敵人是蜥蜴類雙足爬虫族——猛龍族（Reptiloids），他們正在前往地球的路上。

灰人和爬虫類物種具有高度的分析能力和技術導向。他們曾與來自其他太空社會的北歐人類發生過古老的衝突，並且可能正在這裡上演未來的衝突。他們深入研究計算與生物工程科學，並進行不人道的實驗，完全不考慮對其他生物的道德和同情的行為。

政府中的一些力量希望公眾了解正在發生的事情。其他勢力（妥協者）希望繼續為少數精英在衝突中的生存做出「任何必要的交易」。未來可能帶來法西斯「世界秩序」或人類意識的轉變。

1.1 親眼目睹灰人的所作所為

自一九九〇年以來，蒂莫西・古德（Timothy Good）多次訪問波多黎各，親自調查在他看來是一個獨特的情況。他從未見過任何真正奇特的東西，然而，據報導，有一次事件發生在他與豪爾赫・馬丁（Jorge Martin）一起訪問的同一地區，事情是發生在12小時之後。在一九九〇年八月三十一日凌晨，許多目擊者看到五個奇怪的生物，當時它們在拉古納・卡塔赫納（Laguna Cartagena）地區的一條路上行走，它們的樣子在某些方面與三個月前在蘇聯柯爾吉斯卡亞（Kirgiszkzya）報導的生物相似。它們的高度從三英尺到五英尺不等。當一名目擊者米格爾・菲格羅亞（Miguel Figueroa）試圖駕車跟隨生物時，它們轉過身來，從它們的眼睛裡發出像焊炬一樣的耀眼光芒。「我失明了，害怕了」，他說。「我感覺到，或者說有什麼東西告訴我不要再靠近了」。但他跟了上去，設法湊近了看。正如他對豪爾赫・馬丁所說：

「他們骨瘦如柴，梨形的大腦袋，尖尖的長耳朵，斜眼的大眼睛，幾乎沒有鼻子……嘴巴幾乎像一條縫。他們都有長長的手臂，每隻手三個手指，腳上三個腳趾。他們的肘部和膝蓋處有一些看起來像關節的東西……我不知道那是不是他們穿的衣服的一部分，但對我來說，他們似乎是赤裸的。他們是灰色的……」

最終，這些生物一個接一個地跳過一座橋，沿著一條小溪向潟湖的方向前進。

第二天，菲格羅亞接到一個帶有美國口音的男子打來的威脅電話（打他的未公開號碼）。「他告訴我不要對任何人談論我所看到的以及灰人進入的地方」，他告訴豪爾赫，「這裡發生的事情是真實的，這些生物必定在這片區域的地下有一個基地或什麼東西」。

其他類似的生物似乎棲息在島上的其他地方，包括加勒比國家森林，這是美國農業部國家森林生態系中唯一的熱帶森林，它位在遊樂區附近的山峰之後、一個通常被稱為埃爾雲雀（El Yunque）的地方。許多目擊者聲稱他們遇到過有著非常大的黑眼睛的生物、沒有尖耳朵，有四個而不是三個手指或爪子。

一九九一年二月的一個晚上，前警官路易斯．托雷斯（Luis Torres）和他的妻子，以及他的兩名警察同事和他們的妻子，在埃爾雲雀旅遊局附近的191號公路上，看到兩個奇怪的小男人從路上走來，他們驚呆了。托雷斯對調查員馬格達萊娜·德爾·阿莫-弗雷克塞多（Magdalena Del Amo-Freixedo）說，這兩人在說「奇怪的胡言亂語」，「就像你在聽一段非常快的錄音一樣」。

他們大概有四英尺高，很瘦，從頭到腳都穿著非常貼合身體的衣服……介於綠色和灰色之間。該衣服直接套到了他們的頭頂，覆蓋了頭骨……他們的小手臂一直延伸到膝蓋左右，他們的頭也被拉長了，雖然我們看不太清楚。

他們的頭很大，有點傾斜，上面大下面小，看起來更像一個雞蛋的形狀。頂部有點扁平，他們的臉也扁平。我看到他們沒有眉毛。他們有一雙黑色的大眼睛，黑色的，從臉上突出了一點……他們的小脖子很細，幾乎看不到鼻子，嘴巴也沒有。他們的皮膚鎖定為灰色或灰綠色。

這些生物徑直從六名目擊者身邊走過。「他們一定看到了我們」，托雷斯繼續說道。「他們繼續往前走，當他們從我們身邊走了大約100英尺時，他們轉身又開始沿著路往回走，再次從我們身邊經過。我們試圖跟隨他們。我拿出我的左輪手槍，不是為了傷害他們，只是為了讓他們看到我們全副武裝，以防萬一他們想做什麼。但是當我拿出左輪手槍時，他們好像知道了。他們任何時候都沒有直視我們，而是加快了腳步，再往前走一點，越過路的左側，進入了山坡上的灌木叢中。」

瑪格麗塔．托雷斯被這些生物迷住了，她說她很想把它們帶回家，「它們真的很奇怪，同時又很可愛」，她解釋說，「因為它們看起來就像兩個小雙胞胎」。

在一九九一年八月十三日的凌晨，斯拉．馬里索爾．卡馬喬（Sra Marisol Camacho）在拉古納．卡塔赫納（Laguna Cartagena）旁邊的馬瓜約（Maguayo）社區遇到了兩個類似的生物，它們在她的陽台上用四個細長的手指檢查一棵植物。「我不知道為什麼，但我動彈不得」，她告訴豪爾赫．馬丁（Jorge Matin），「他們從植物上摘下葉子就走了，他們用那種快速的胡言亂語互相交談」。她補充說，這些生物兩週後回訪，但當她試圖與它們交流時，它們倉促撤退，朝潟湖的方向跑去。「它們沒有傷害我」，她說，「有一件事是肯定的：它們已經在這裡，生活在我們之間。我們應該準備好面對這個事實……」

同樣在一九九一年，烏利塞斯．佩雷斯（Ulises Perez）在通往拉古納．卡塔赫納（Laguna Cartagena）的灌溉渠中遇到了類似的生物。該生物的皮膚呈淡白色，帶有粉紅色的斑點。當佩雷斯開始騎摩托車逃跑時，這個生物消失在運河的水下。這種情況和其他情況似乎表明某些智慧生物已經在潟湖和其他水體下建立了棲息地。在這些實體的手指或爪子之間觀察到的織帶可能意味著它們是兩棲的。

一九六八年七月遇到了這些物種的變種。弗雷迪．安德森（Freddie Anderson）和一群朋友正在參觀埃爾雲雀山時，他們遇到了一個高大的生物，它站在191號公路旁的河中央，距離只有12英尺。安德森告訴馬丁，它的高度約為六英尺，而且非常纖細。雙手幾乎到了膝蓋。

它沒有穿衣服。它全是綠色的，它有一個大頭，在底部和下巴上更寬，它的末端是一個［錐形］

頂部。它的眼睛又大又圓又凸，顏色深綠色，鼻子上有兩個小洞……我想它的手只有四個手指，末端有一些小圓東西，就像樹蛙一樣，還有一些從末端那些小圓形東西中伸出的小爪子。

安德森和他的朋友們確信他們經歷了「失憶的時間」。「突然之間，就好像我們從某種東西中走出來一樣」，他繼續說道。「我們不知道發生了什麼，但已經是晚上了……那東西已經不見了。」[2]

在一九七九年或一九八〇年，一個類似於在波多黎各目擊到的一些生物，雖然較小，但據稱在國民警衛隊聖地亞哥營地後面的一座山附近的一個山洞裡被一名青年何塞·路易斯·「奇諾」·扎亞斯（Jose Luis 'Chino' Zayas）殺死。「我們真的不知道它是否與外星人有關」，豪爾赫·馬丁向蒂莫西·古德強調。「我們只知道它來自那裡的洞穴系統，那裡有很多奇怪的活動」。

「當奇諾告訴我們這件事時，我（馬丁）第一次聽說這件事」，薩利納斯（Salinas）警察局的本傑明·莫拉萊斯（Benjamin Morales）警官在接受豪爾赫·馬丁採訪時解釋道。他接著說：

> 他說他曾和一位朋友爬到雙峰山峰（Tetas de Cayey）上，他們看到一群看起來像小型人類的生物，它們正進入洞穴中的裂縫。據稱，其中一隻小生物襲擊了奇諾，抓住了他的腿，把他嚇壞了。他拿起一根棍子打它，把它打死了。後來，當〔警官〕奧斯瓦爾德·桑寧戈（Osvald Sanningo）把它帶到警察局時，我（馬丁）親眼看到了這個小人或生物。奇諾害怕它會腐爛，把它交給了蒙塞拉特（Monserrate）殯儀館的負責人維托·莫拉萊斯（Wito Morakes），後者把它放在裝有甲醛的玻璃罐中保存。
>
> 那東西屬於一個未知物種，不是人類或動物。我在波多黎各警察局工作了24年……除非我確定，否則我不會說出接下來我要講的話……我是一名有執照的緊急醫療技術人員，那些說這是捏造的人或者猿猴或者胎兒不知道他們在說什麼，或者他們在撒謊……這東西的頭對於它的身體來說太大了，還

有尖尖的小耳朵。它的皮膚呈灰綠色，眼睛大而傾斜。它沒有鼻子，只有兩個小洞，還有一張沒有嘴唇或牙齒的嘴。至少，我不記得見過任何相似的牙齒，它們的牙齒骨骼結構不同、已經成型且堅硬；它的牙冠不軟、骨頭不脆。

奇諾的妹妹伊麗莎白・扎亞斯（Elizabeth Zayas）提供了更多細節：

它的頭兩側有一些白色或金色的毛髮，但其他地方都是禿的……它有一雙大眼睛，它的瞳孔就像一隻貓。那雙眼睛很奇怪，因為它們沒有顏色；看起來是透明的、發白的、結晶的。不知道是小型人類生物死了還是這就是他們原來的樣子。手臂又長又細，它的手伸到膝蓋甚至更遠。手像叉子。它們只有四個爪狀的手指，就像貓的爪子，它們之間有一種織帶，就像薄膜一樣……。它真的很瘦，它的腳真的很奇怪……它們看起來更像人們用來游泳和潛水的腳蹼。

最終，警方通知了美軍當局。不久之後，一些男人出現在扎亞斯家裡。「這些人來的時候，我丈夫在場」，伊麗莎白說，「並告訴我，他們實際上出示了文件，類似於收繳物品的命令，還有聯邦身份證明。他們說他們來自美國宇航局（NASA）。他們搜查了房子，找到了「裝有生物的罐子」並拿走了它。奇諾告訴我，男人們說他們要把屍體帶到龐塞（Ponce）的一個博物館，那裡有一個實驗室，然後他們會把它帶到美國的宇航局……無論這些生物的起源是什麼，它們都不太可能拿飛碟當交通工具！」[3]

1.2 灰人的企圖與陰謀

道西基地前安全官托馬斯・卡斯特羅說，外星人不想要我們擁有的土地、黃金、礦物質或水，甚至人類或動物的生命也不想要。他們真正想要的是在地球上和通過地球的磁力。外星人以我們不知道的方式收穫了這種磁力。托馬斯說，外星人認為這種力量比我們地球上的任何其他商品都更有價值。

托馬斯的說法是否可信？若是的，則消化或相信託馬斯的故事可能令人不快。事實上，這似乎是一場活生生的噩夢。有證據表明有些奇怪事情確實在道西進行著。托馬斯有答案嗎？不明飛行物目擊、綁架和動物殘害的持續現象背後可能隱藏著一個可怕的真相。幾十年來，美國政府情報機構一直在密切關注所有UFO活動。這種非同尋常的現象必須有一個非同尋常的解釋。我們或許只是浩瀚星際帝國中的一處前哨，而所謂「外星人綁架事件」不過是整個外星戰略架構中的枝節而已，並非其目的。

來自據稱的GRUDGE／藍皮書報告第13章的信息，早在一九七二年之前就發生了綁架事件。該文件指出，人類和動物被綁架或殘害，許多人消失得無影無蹤。他們採集精子和卵子（OVA）樣本、組織。另外，他們也會對綁架人進行外科手術，植入一個球形裝置到大腦視神經附近，大小為40至50微米，所有移除裝置的嘗試都會導致植入者死亡。該文件估計每40人中就有1人接受了植入。據說這種植入物可以讓外星人完全控制人類。[4]

不明飛行物研究員，加利福尼亞州伯班克（Burbank）的威廉・摩爾（William Moore）撰寫了《羅斯威爾事件》，該書於一九八〇年出版，詳細介紹了不明飛行物的墮毀、回收以及隨後掩蓋4個外星人屍體的情況。據布蘭頓，威廉有一卷錄影帶。其中，錄製有2個新聞記者採訪MJ-12相關的一位軍官。

這位軍官回答了有關MJ-12的歷史和掩蓋、回收許多飛碟以及存在一位活著的外星人Ebe1的相關問題。外星人被關押在具有電子安全的設施內，此類電磁安全的唯一設施位於加州莫哈韋（Mojave）的愛德華茲空軍基地。除了軍官外，錄影帶還提到其他一些人，他們包括哈羅德・布朗（Harold

Brown），理查德・赫爾姆斯（Richard Helms），弗農・沃爾特斯將軍（Gen. Vernon Walters），JPL的艾倫博士（Dr. Allen）和西奧多・範卡爾曼博士（Dr. Theodore van Karman）等一些MJ-12的現任和過去成員。

該軍官還提到了Ebe1聲稱已經創造了基督的事實。他說，Ebe有一種記錄設備，可以記錄地球的全部歷史，並可以用全息圖（hologram）的形式顯示該歷史。該全息圖可以被拍攝，但是由於全息圖的運作方式緣故，它在電影膠片或錄影帶上的顯示不是很清楚。據稱，基督在橄欖山上被釘死的事已經在電影中向公眾展示。Ebe聲稱已經創造了基督，他們如此做可能是出於未定原因，企圖破壞人類傳統價值觀。

據稱存在的另一個錄影帶是對EBE的採訪。由於EBE通過心靈感應進行交流，一位空軍上校擔任口譯員。在一九八七年十月股市進行調整之前，包括威廉・摩爾在內的幾位新聞記者受邀前往華盛頓特區，以類似類型的採訪親自拍攝EBE，並打算將其發行給公眾。後來顯然由於市場的調整，人們認為時機不對勁，公開發行被擱置。[5]

摩爾還擁有更多的水瓶座（Aquarius）文件，其中有數頁是幾年前洩露的，它詳細介紹了直到最近之前還被國家安全局（NSA）拒絕透露的超機密NSA項目。國家安全局的成立是為了保護秘密回收的飛碟，並最終獲得了對所有通信情報的完全控制權。這種控制允許NSA通過郵件、電話、電傳、傳真、電報以及現在通過在線電腦監控任何個人，根據他們的選擇監控私人和個人通信。事實上，當今的NSA是目前與飛碟計劃有關的MJ-12和PI-40的主要體現形式。大量虛假信息散佈在UFO研究領域。該飛碟計劃任何方面的任何目擊者的生活都會受到每一個細節的監控，因為每個人都簽署了一份安全聲明。MJ-12／NSA將不遺餘力地保存和保護終極秘密，正如我們稍後將看到的，這個終極秘密的特徵即將發生巨大變化。

在寫給約翰．格倫參議員（Senator John Glenn）的信中，國安局政策主任茱莉亞．韋澤爾（Julia B. Wetzel）寫道：「顯然，有一個空軍計劃其名稱叫「水瓶座」，它涉及不明飛行物。」

巧合的是，還有一個同名的NSA計劃，NSA的水瓶座計劃專門處理與外星人（EBE）的交流。（空軍）水瓶座計劃中的雪鳥（Snowbird）項目是一個在內華達州格魯姆湖（Groom Lake）試飛一架回收的外星飛機的項目。聲稱自己與MJ-12有聯繫的摩爾認為，他們一直在騷擾他，向他提供文件及線索，並承諾在一九八七年底之前公開一些有關外星人的信息。[6]

約翰．李爾（John Lear）[7]曾是內華達州參議員候選人，他是李爾噴氣飛機的設計人，八軌立體音響和李爾．西格勒公司的創始人威廉．李爾（William P. Lear）的兒子。約翰．李爾在以下所示日期的13個月前開始對不明飛行物感興趣，他與一位名叫格雷格．威爾遜（Greg Wilson）的美國空軍朋友交談，後者目睹了不明飛行物在英國倫敦附近的本特沃特斯空軍基地（Bentwaters AFB）降落，在該期間，三個小小的灰人外星人走到了機場指揮官處。此後，李爾利用情報進行接觸及調查有關美國政府行政部門和軍事工業部門與外星勢力共謀的指控。[8]

約翰．李爾於一九八七年十二月二十九日發布並於一九八八年三月二十五日修訂其公開聲明。該聲明最初發送給李爾的一些個人朋友和研究人員，後來這些人反過來又對李爾本人施加了壓力，要求其公開發布此信息。李爾給媒體的公開信息如下（節譯）：

「為了保護民主，我國政府將我們賣給了外星人。這是怎麼回事？……德國可能早在一九三九年就回收了一艘飛碟。詹姆斯・杜利特爾將軍（General James H. Doolittle）於一九五二年前往挪威檢查了墜毀在斯皮茲卑爾根（Spitzbergen）的飛碟。……這個可怕的真相只有極少數人知道：他們確實是醜陋的小生物，形狀像螳螂……在最初知道這『可怕真相』的初始小組中，有幾個人自殺，其中最突出的是國防部長〔和海軍部長〕詹姆斯・福雷斯特跳樓致死。他從醫院的第16層窗戶上跳下……杜魯門總統把秘密捂上了蓋子，擰緊了螺絲，以至於公眾仍然認為飛碟是個玩笑。……想像一下他們在試圖確定這些奇怪的『碟形飛行器』的動力時所遭受的震驚，他們甚至找不到與他們熟悉的組件遙相仿的零件：沒有氣缸或活塞，沒有真空管，渦輪機或液壓執行器。只有當您完全了解政府在40年代末所面臨的壓倒性的無奈時，您才能理解他們對全面掩蓋包括使用致命武力的感知需求……掩蓋如此成功，以至於直到一九八五年，加州帕薩迪納（Pasadena）噴氣推進實驗室的一位高級科學家希爾布斯（Al Hibbs）博士在觀看過一個巨大飛碟的錄影帶和其記錄狀態後說，『若無更多的數據，我不會為這種UFO現象承擔任何東西。』朝鮮戰爭期間發生了數千起目擊事件，空軍又回收了幾艘飛碟。一些被存放在懷特-帕特森空軍基地，一些被存放在墜機地點附近的空軍基地……一艘飛碟非常巨大，運輸中的後勤問題也如此之大，以至於它被埋在墜機現場，並一直留到今天。這些故事具有傳奇色彩，涉及到長途運輸墜毀的飛碟，它們僅在夜間移動，軍方購買完整的農場，砍伐森林，封鎖主要公路，有時連帶駕駛2或3輛lo-boy（註：這些無動力的拖車通常被用來拖運卡車貨物），其上並承載直徑100英尺的外星飛行器。（據稱，萊特-帕特森空軍基地中的阿爾法（Alpha）或藍隊（Blue Teams）是最常被動員起來進行『墮毀—回收』行動的人-布蘭頓）。[9]」

讀者若曾翻閱過《外星人傳奇首部》，當不難理解李爾以上的公開聲明內涵，以下他的另一些公開聲明則直接關聯到本書課題，而這也是引起最多爭議的部份，他的「陰謀教父」（The Godfather of Conspiracy）的名號從此如影隨身：

「一九六四年四月三十日，這些外星人和『美國政府』之間發生首次通信（註：據稱，『美國政府』與外星人早在一九五四年已達成協議）……在一九六九—一九七一年期間，代表美國政府的MJ-12與這些稱為EBE（外星生物實體，由最初的MJ-12成員及約翰·霍普金斯大學第六任校長德特利·布朗克（Detley Bronk）命名）的生物達成了協議。達成的協議是為了換取他們向我們提供的技術，我們同意不理會正在進行的綁架，並壓制有關牲畜殘割的信息。EBE向MJ-12保證，綁架事件（通常持續約2個小時）僅僅是對不斷發展的文明的持續監視。實際上，綁架的目的是：

(1)將3毫米球形裝置通過被綁架者的鼻腔插入大腦（視神經和／或神經中樞），該裝置用於對被綁架者進行生物監視、跟蹤和控制。

(2)對受害者實施催眠術時，讓其在特定時間段內開展特定活動，並在接下來的2至5年內啟動該活動。

(3)終止某些人的生命，使他們可以作為生物材料和物質的生命來源。

(4)終結對繼續其活動構成威脅的個人。

(5)有效的基因工程實驗。

(6)使人類女性懷孕並儘早終止妊娠，以確保雜交嬰兒的安全。

……。」[10]

李爾聲稱美國與外星人簽訂了一項條約，允許他們在人類的幫助下在全國各地的秘密地點建立基地……道西就是這些基地之一。

李爾是從「安・韋斯特」那裡聽說「道西」的。他通過真名瓦爾・瓦里安（Val Valerian）的約翰・格雷斯（John Grace）與塔爾・李夫斯克（TAL Levesque）成為朋友。根據塔爾的說法，李爾對他在一九八七年收到的「安・韋斯特」的道西地下基地圖紙進行了潤色。李爾在一九八八年首次提出了關於道西與51區的假設性說詞。由於約翰・李爾的說詞太過驚悚且缺乏可靠來源，不明飛行物社區從未認真對待他。[11]

至於塔爾・李夫斯克是何許人？他的真名是托馬斯・艾倫・李維斯克（Thomas Allen Levesque）（Le Vesque 在法語中的意思是主教／畢曉普（Bishop），因此後者（畢曉普）是他的別名）。他是第一個洩漏以新墨西哥州道西為中心樞紐的所謂地下隧道系統地圖的告密者。

一九九〇年三月，又名塔爾・李夫斯克的傑森・畢曉普（Jason Bishop），於一九九〇年三月出現在日本的 Nippon TV 的關於51區與道西的特別兩小時節目中。他聲稱，他在一九八〇年或一九八一年左右在聖達菲擔任私人公司的保安人員。他並聲稱當時他已經開始與「托馬斯・卡斯特羅」（“Thomas E. Castello”）聯繫，後者與他在聖達菲的同一家公司工作。

據稱，「托馬斯・卡斯特羅」向塔爾透露了他的秘密。該秘密是在道西旁邊的阿丘萊塔台地（Archuleta Mesa）下有一個地下美國／外星生物實驗室，他曾在該設施擔任保安人員）。但在推出這個「托馬斯・卡斯特羅」的秘密之前，塔爾似乎也曾從閱讀有關保羅・本尼維茨的文章中聽說過有關道西基地的謠言。

上文提到「托馬斯・卡斯特羅」這個人，他是本書的重要人證之一，他是否是一個懷著天大密聞的真實存在的人？或只是塔爾為滿足其個人幻覺所創造出來的人？有關「托馬斯·卡斯特羅」的事跡與傳奇一籮筐，但有些人就是不相信他是一個真實存在的人，例如已故的道西地區警官加布·瓦爾迪茲（Gabe Valdez）曾表示，從來沒有這樣的人與所謂的道西基地有關。UFO調查作家克里斯塔·蒂爾頓在她的手稿「本尼維茨論文」（The Bennewitz Papers）中表達了她的信念，即整個「托馬斯·卡斯特羅」的故事都是捏造的。有關與道西基地相關的「托馬斯·卡斯特羅」這個人是否真實存在，待讀者繼續讀後文之後不妨自行判斷。

話說塔爾進一步聲稱，一九七九年，他在聖達菲的家中出現了一個高大（6呎）的爬蟲類動物天龍族（Reptoids）訪客，但這是否又是他的幻想？當時該訪客對牆上掛著的新墨西哥州和科羅拉多州的研究地圖表現出了興趣。地圖上充滿了彩色圖釘和標記，以指示動物殘割地點、洞穴、不明飛行物活動頻繁的地點、重複飛行路徑、綁架地點、古代遺址和疑似外星人地下基地。

幾年前，民間情報新聞服務（Civilian Intelligence News Service）的早川紀夫（Norio Hayakawa）曾與傑森·畢曉普的親戚住在阿羅約·格蘭德（Arroyo Grande）的卡羅琳·李維斯克（Carolyn LeVesque）通信，後者告訴他塔爾一直有某種心理問題（即某種形式的精神錯覺）。她委婉地說，它可能是來自他閱讀太多與地下文明相關的一九五〇年代的剃須刀之謎（SHAVER MYSTERY）的科幻小說所致。塔爾目前住在加利福尼亞州的馬里波薩（Mariposa）。[12]

回過頭來說，沒有證據表明人類和EBE或灰人物種之間的實際雜交已經成功。換句話說，雜交後代傾向於人類或另一側的EBE或灰人物種，即傾向於一個不帶「靈魂能量矩陣」（soul-energy-matrix）的爬蟲人或灰人實體，或一個雖然在外觀或特徵上有所改變但仍具有這種矩陣或靈魂的類人動物——

布蘭頓。美國政府最初並未意識到這筆交易的深遠影響，他們認為綁架本質上是良性的，並且由於他們認為無論他們是否同意綁架都可能繼續進行，他們只是堅持要定期向 MJ-12 和國家安全委員會提交當前的綁架者名單。

以上的「靈魂能量矩陣」可能涉及被綁架者事後的記憶。在托馬斯・卡斯特羅的訪談中，他提到一些綁架者聲稱，某些爬蟲族派系具有如此復雜的生物技術，以至於他們能夠去除人類的靈魂能量矩陣並將其放置在「盒子」中，並將受控的「身體」用於他們選擇的任何目的。一些被綁架者還堅稱，在某些情況下，蜥蜴類雙足動物的猛龍族（reptiloids）可以通過時間扭曲手段在短時間內創建一個人的克隆複製品，如果他們從社會中消失會造成太多問題則會將他的靈魂能量矩陣重新帶回到新的克隆體中。這樣，他們可以攝取充滿了情感殘留物的原始身體，而被綁架者因為抑制了與轉移過程有關的任何記憶而不會意識到（在大多數情況下）他們的靈魂記憶矩陣已經被轉移到了克隆的身體上。[13]

恐怖小說作家及 UFO 研究員惠特利・斯特里伯（Whitley Strieber, 1945-）曾說過綁架他的人告訴他，「我們回收靈魂」。其他研究偶爾會遇到被綁架者關於這些生物對人類靈魂的興趣的驚人參考。這是一個很難討論的話題，即使是在一本涉及外星人、綁架、秘密政府等話題的書中也是如此。首先，並不是所有人都相信靈魂的存在。

靈魂可以被帶走嗎？可以安置於別人身上嗎？它對其他有能力接受它的人有價值嗎？這種說法是自稱知道真相的人提出的，他們可能被證明具有內在的知識，正如托馬斯・卡斯特羅所轉述的信息，在綁架期間，有時一個人的靈魂會被暫時移除並放置在一個鉛盒中，該盒有效地容納了它。這樣做的原因是為了防止接下來發生的事情被記錄在那個靈魂上，成為那個人歷史的一部分。但是，也許更重要的是，它也不會成為其他人閱讀其歷史的一部分。[14]難道這樣的事情是真的，還是這完全是幻想？

另一種綁架和靈魂的理論與輪迴的信仰有關。東方宗教堅持認為靈魂可以在所有類型的生物中化身。難道像一些人聲稱的那樣，以前曾在外星種族中的靈魂現在轉世到人的身體中嗎？我們中間是否有星際人？（在所有生物學和一般意義上都是人類，但擁有外星人的靈魂的人）

EBE（埃本人。註：邁克爾．沃爾夫博士曾有一個埃本人的外星朋友，其圖像見其一九九六年著作《Catchers of Heaven: A TRILOGY》的封面。他說外星人（按：應是指其外星朋友）以植物和磨菇為食。因此上文的 EBE 指的可能是里格爾小灰人，而非埃本人）具有遺傳性疾病，其消化系統萎縮而不起作用。為了維持自身，他們使用了從人類和動物身上提取的組織中獲得的酶或激素（苛爾蒙）分泌物。然後將獲得的分泌物與過氧化氫混合（以殺死細菌，病毒等）成溶液，並透過將其塗在皮膚上或將身體的一部分浸入溶液中，以讓身體吸收溶液，然後通過皮膚將廢物排泄回去。（尿液也以這種方式通過皮膚排泄，這可能解釋了許多被綁架者或目擊者在與灰人相遇時報導的聞到類似氨氣的臭味 - 布蘭頓）（註：以上的敘述似乎混肴了埃本人與灰人（Greys）的角色，實際上灰人與埃本人是不同的。「灰人充滿敵意，不可信任。我們不能相信灰人！他們真的是偷偷摸摸的生物，他們要為大多數［人類］綁架負責。我們抓了幾個灰人，但他們就自殺了！」）[15]

一九七三年至一九八三年期間普遍存在的牛肢體殘割現象，該段期間報紙和雜誌上的陳述（其中包括琳達．豪為丹佛哥倫比亞廣播公司（ＣＢＳ）附屬機構 KMGH-TV 製作的紀錄片）公開指出，殘割的目的是為收集牛身上的組織。殘割包括切除生殖器、直腸（直達結腸）、眼睛、舌頭和喉嚨，所有以上這些組織均以極高的手術精度被切除。

在某些情況下，切口是通過在細胞之間切割而形成的，這是我們在野外無法執行的過程。在許多肢解中，肢體根本沒有發現血液，但內臟沒有血管萎縮。在人類的殘割中，眾人也注意到了這一點，其中之一是喬納森・洛夫特（Jonathan P. Lovette）中士。他於一九五六年在白沙導彈試驗場上，一位空軍少校在尋找飛碟碎片時在凌晨3點目擊了他被盤狀物體綁架，三天後他的屍體才被發現。他的生殖器已經被切除，掏出的直腸以外科手術精確的方式塞入結腸，去除了眼睛與去除所有血液，再次沒有發現血管萎縮。[16]

從一些證據中可以明顯看出，在大多數情況下，儘管動物或人類都還活著，但仍完成了該手術。注意：根據前綠色貝雷帽指揮官比爾・英吉利（Bill English）的說法，此事在絕密的《藍皮書／遺恨項目》（Project Grudge/Blue Book）第13號報告中也提到過，而其餘的內容則從未發布過。據報導，被派去執行緊急救援行動的藍隊正在代表藍皮書項目的秘密分支開展工作，據UFO圈中傳說，俄亥俄州懷特・帕特森空軍基地有一個秘密倉庫，它有多個地下層，其中一層擠滿了外星人的飛行器，五金部件，甚至還有冰上的外星人屍體。賴特・帕特森是《藍皮書項目》總部？—布蘭頓。

屍體的各個部分被帶到各個地下實驗室，其中之一是位在新墨西哥小鎮道西附近。這座被CIA—外星人共同佔領的設施被描述為具有巨大的牆面，並鋪有「永遠持續下去」字樣的瓷磚牆。目擊者報告說，巨大的大桶裡裝滿了琥珀色的液體，裡面有一些人體部件在裡面攪動。最初的協議達成後，國家最秘密的測試中心之一的格魯姆湖關閉了大約一年時間，其時間大約在一九七二年至一九七四年之間，並在EBE幫助下為EBE建造了一個龐大的地下設施。美方就援助技術進行了討價還價，但該技術只能由EBE自己操作。不用說，即使有需要，美方先進的技術也無法與EBE本身技術對抗。

有文件揭示了外星人在地下設施做些什麼：這些外星人使用從牛身上提取的血液作為營養。他們似乎吸收其原子來補充生活所需。他們把手放在血液中，其手有點像海綿，以獲取營養。但他們想要的不僅僅是食物；來自牛和人類的DNA正在被改變。第一類生物是實驗室動物。他們知道如何改變原子來創造一個臨時的「幾乎是人類」的東西。它由動物組織製成，依靠儀器來模擬其記憶，這是儀器從另一個人那裡提取的記憶。他們都是克隆人、其行動緩慢且笨拙。

真正的人類被用於訓練、試驗和與這些「類人」一起繁殖。有些人被綁架並被完全利用。有些被保存在大管中，並在琥珀色液體中保持活力。有些人被洗腦，被用來扭曲事實。某些男性人類的精子數量很高並且可以存活。他們的精子被用來改變DNA並創造一種被稱為「第二型」的無性別生物。放入子宮的精子以某種方式生長並再次改變。它們在成長時期類似於「醜陋的人類」，但在完全成長時看起來很正常，它從胎兒大小開始到完全成長只需要幾個月的時間。它們的壽命很短，不到一年。那個胎兒的原子結構是半人的，一半「幾乎是人的」，並且不會在母親的子宮裡存活。它在三個月時被從子宮取出並在其他地方成長。[17]

以上提到的道西地下實驗室及相伴的灰人活動只不過是美國國內同類事件的冰山一角，而這一角冰山則是由一位既熱心又天真的科學工作者——保羅．本尼維茨所敲開……

註解

1. 據說水瓶座是與飛碟有關的美國政府項目的名稱。即使該項目早由艾森豪威爾總統在一九五四年啟動，但在一九六〇年才獲得「水瓶座」的名稱。該項目的目的是收集有關UFO和已確認的外星飛行器（Identified Alien Craft，簡稱 IAC）的所有科學、技術、醫學及其他信息，以便嘗試使用這些飛行器中使用的技術。後來理查德·多蒂偽造了一份水瓶座文件，隨後由比爾·摩爾將其傳送給保羅·本尼維茨，目的是用來誤導他。見 Aquarius, http://www.exopaedia.org/Aquarius

2. Good, Timothy. Alien Base – The Evidence for Extraterrestrial Colonization of Earth. Century (London) Random House UK Limited (London), 1998, pp.526-529
3. Ibid., pp.532-534
4. Carlson, Gil, 2013. Blue Planet Project: The Encyclopedia of Alien Life Forms, Wicket Wolf Press, pp.17-18
5. Branton (aka Bruce Alan Walton). The Dulce Wars: Underground Alien Bases & the Battle for Planet Earth. Inner Light/Global Communications, 1999, pp.30-31
6. Ibid., p.31
7. 約翰·李爾是一位退休的航空公司機長，曾任中情局飛行員，也是李爾噴氣機的著名發明者之子。他是洛克希德 L-1011 的前機長，在航空界享有很高的聲譽。他已經駕駛了150多架飛機，並獲得了美國聯邦航空管理局（Federal Aviation Administration）頒發的每份證書。約翰還保持著18項世界速度記錄，並曾為28家不同的飛機公司工作。在一九八〇年代末和一九九〇年代初，約翰開始提出一些驚人的啟示，涉及空中現象和不明飛行物。
https://www.coasttocoastam.com/guest/lear-john-6252/

8. Branton, 1999, op. cit., p.22
9. Ibid., pp. 23-25
10. Ibid., pp.25-26
11. Timothy Green Beckley, Sean Casteel, Tim R. Swartz, Dulce Warriors: Aliens Battle for Earth's Domination. Inner Light/Global Communications (New Brunswick, NJ), 2021, p.125
12. Ibid., pp.126-128
13. Bruce Walton (aka Branton), Interview With Thomas Castello – Dulce Security Guard. In Beekley, Timothy Green, Christa Tilton, Sean Casteel, Jim McCampbell, Dr. Michael E. Salla, Leslie Gunter, Bruce Walton. Underground Alien Bio Lab At Dulce: The Bennewitz UFO Papers. Global Communications (New Brunswick, NJ). 2009, p.123
14. Dolan, Richard M. and Bryce Zabel. A. D. – After Disclosure: When the Government Finally Reveals the Truth about Alien Contact. The Career Press, Inc. (Pompton Plains, NJ), 2012, pp.140-141
15. November 10, 2015 DIA-6 致 Victor Martinez 的電子郵件檔 Sub Section #10.: Development of an ALIEN-Based Propulsion System
Release #36: The UNtold Story of EBE #1 at Roswell
http://www.serpo.org/release36.php
16. Branton, 1999, op. cit., pp.27-28
17. Carlson, Gil. The Yellow Book. Blue Planet Project Book #22, 2018, Kindle Edition, pp.86-87

第②章 MJ-12——主導地球外星事務的神秘組織

在一九七九年至一九八三年期間，對於MJ-12來說，事情越來越沒有按計劃進行的情況變得越來越明顯。眾所周知，被綁架的人數比正式綁架名單上的人數超過太多。此外，國內失蹤孩子中的一些（不是全部）被用於外星人所需的分泌物和其他部件。

如果我們為灰人的綁架歷史作個回顧，會發現在50年代，EBES（灰人）開始綁架人類進行實驗。到了60年代，速度加快了，他們對綁架人類一事開始顯得不在乎。到了70年代，他們的真面目變得非常明顯，但政府的「特殊小組」仍然在掩飾他們。到了80年代，政府意識到對灰人的綁架人類缺乏防禦措施。

所以制定計劃是為了讓公眾為開放與非人類的「外星」生物接觸做好準備。一般來說，灰人和爬蟲人的天龍族是相互聯盟的。但是，他們之間的關係處於緊張狀態。小灰人唯一已知的敵人是爬蟲人種族，後者並不認為自己是外星人，他們只是回到他們在地球表面下面的故鄉！他們往往從地球內部擋住了灰人往地球之路。

2.1 陰謀論的始作俑者

話說，一九七九年，道西發生了各種糾紛，那些已經意識到了真正情況的一些人試圖釋放被困在該設施中的眾多人質。一位消息人士說，有66名士兵被殺，但被綁架並關押的人仍然沒有獲釋。

到了一九八四年，MJ-12對他們在處理EBE時所犯的錯誤充滿了恐懼。過去他們巧妙地促進了《第三類親密接觸和E.T.》的影片發行，讓公眾習慣於和那些富有同情心、仁慈和有「太空兄弟」的外表奇特的外星人相處。MJ-12將EBE出售給公眾，現在面臨的事實是恰恰與其設想相反。

此外，一九六八年MJ-12制定了一項計劃，以使公眾了解未來20年地球上存在外星人的情況，並計劃在一九八五年至一九八七年期間發行多部紀錄片，以達到高潮。這些紀錄片將解釋EBE的歷史和意圖。「大欺騙」（Grand Deception）的發現使MJ-12的整個計劃，希望和夢想陷入了混亂和恐慌。所謂大欺騙，除了前文提到的「創造基督」之事外，另外指的是布蘭頓所稱的「集體主義者爬蟲人—天龍人—灰人（Reptoids-dinoids-Grays）讓我們相信，我們是由他們從其基因創造的，並把我們帶到了地球上。作為回應，我們，尤其是那些與他們合作的可憐人類特工，傾向於在我們／他們假稱的創造者面前絕對畏縮，並試圖安撫他們，因為他們認為，抵抗是徒勞的。」[1]

若布蘭頓的以上說法可信，那麼集體主義者外星人為何要對地球人類進行大欺騙？唯一較合理的解釋就是他們想獨霸地球，進而撈取地球礦產資源及奴役地球人類。以上這些外星人沒有任何明顯的締造和平進程的意圖，而且顯然不遵守任何事先達成的協議。為何如此的原因是來自其本質與價值觀，正如保羅·本尼維茨在Beta—計劃的報告中所說的「他們在恐懼中運作，並且不了解友誼和信任的概念，所以他們經營著一個社會，每個人和所有事物都受到監視。」[2]

「大欺騙」尚涉及違反外星人與艾森豪威爾政府簽訂的既定條約，外星人永久綁架數千人到道西和其他基地，正如約翰・李爾所描述的那樣，只有上帝知道他們懷著什麼目的。

一九八六年三月本尼維茨在一封致克利福德・史通（Clifford Stone）的信中對外星人的本質與階級說得尤為清楚。他將外星人的文化層次分為低、高與非常高三種，對低文化層次的外星人有明確定義的級別，從奴隸級別向上延伸。那裡沒有自由。一切都用光學設備監看，並由電腦和稱為守護者（Keepers）的個人來進行監控。

許多大小的球體漂浮在他們（被統治者）的環境中，監視著其音頻、視覺和思維頻率。這種社會不存在信任，一切都受到監視。統治層穿著適當顏色的長袍，與這個團體有關的外星政府是極權主義的。他們的信條似乎是完全控制或殺戮。

外星人的身體其新陳代謝速率非常快，排除體內舊物質的辦法是通過皮膚滲透而出，因此靠近他們的人常能聞到一股極難聞的味道。統治團隊的膚色從黃到白色不等。沒有任何類型的頭髮。手臂長到膝蓋水平。他們有很長的手和手指。他們有大腦袋和眼睛。類人生物類型其膚色通常為淺綠色。當需要配方（即食物）或當其死亡時，他們會變成灰色。他們在恐懼中運作，並且不了解友誼和信任的概念，所以他們經營著一個社會，每個人和所有事物都受到監視。有了機器和武器，他們是勇敢的，沒有了它們，他們只能一團顫抖加恐懼。為了進一步增強他們的勇氣，他們尋求完全控制植入物。他們可以在沒有植入物及沒有使用光束操縱的霰彈槍的情況下控制大量智力較低的人。有了光束操縱的霰彈槍，他們可以而且確實會製造大規模騷亂。

高文化層次的外星人被稱為Eoku，他們不是通常所說的灰人，或者至少不是那些在人類綁架中直接互動的人，他們其實是智人（Homo Sapien）。例如艾歐（Io）與喬（Jo）兩人就是屬於高文化層次的外星人，他們確實在通過電腦傳輸信息時表現出善意、同理心和極高的智慧。艾歐的群體文化是智人變種。根據喬的說法，他的頭髮是棕色的，而女性艾歐的頭髮是紅色的。該文化具有明顯的社會價值和情感主義。他們似乎對個人表現出善意和關心。他們的技術優於我們，也優於灰人。

非常高文化層次的人數量很少，他們的整個知識結構和社交互動都非常先進，我（指本尼維茨）幾乎不可能與之相關。我猜這些非常高文化層次的人年紀已經很老了，一千歲顯然不是不現實。[3]

MJ-12的一部分人想坦白整個計劃，並把過去的混亂公之於公眾，請他們原諒並尋求他們的支持。MJ-12的另一部分（大多數）人認為，他們無法做到這一點，情況是站不住腳的，用可怕的事實刺激公眾是沒有用的，最好的計劃是繼續發展一種可以在SDI（即「戰略防禦計劃」（「星球大戰」））的幌子下用於對抗EBE的武器，它與防禦蘇聯核導彈的入侵沒有任何關係。[4]

SDI計劃在一九八七年十二月隨著冷戰力度的減弱而告終，但一個取代的新計劃早已經被構思出來，它將需要大約2年的時間來開發。同時，它對於MJ-12（可能用新名稱「PI-40」）絕對至關重要，任何人，包括參議院，國會或美利堅合眾國公民都無法意識到掩蓋UFO可能帶來的徹底災難的真實情況。

李爾在以上的聲明中將人類綁架與身體中植入物的現象大部份歸咎於埃本人，他之所以會如此做應是受了保羅．本尼維茨的影響。在吉姆．麥克坎貝爾（Jim Mccampbell）的電話採訪中本尼維茨說：「地球上空的外星人來自六種不同的文化，在他的通訊中，有些來自雙星系統，可能是來自32（按：

應是三八·四二）光年外的澤塔網罟座（Zeta Reticuli）。他們似乎在五萬公里高空的地球軌道上有一到三艘船。根據數據，他必須形成單字以跟對方進行交流，於是他以矩陣形式產生了627個單字的詞彙，並使用了電腦。我們看到的飛碟僅限於在大氣中操作。」[5]

至於人體中的植入物，UFO作家威廉·漢密爾頓三世（William F. Hamilton III）說了以下一段故事，他說，一九八〇年當他住在亞利桑那州的格倫代爾（Glendale）時，他接到朋友沃爾特·鮑姆加特納（Walter Baumgartner）的電話，後者出版了一份名為《能源無限》（Energy Unlimited）的限量發行雜誌。沃爾特是一位自然的技術專家。他說，他已經開始在新墨西哥州阿爾伯克基的迅雷科學實驗室為一位名為保羅·本尼維茨的物理學家工作。然後，他繼續向威廉講述了一個奇妙的故事，本尼維茨先生已成功地在阿丘萊塔山，靠近科羅拉多州邊境及位於吉卡里拉阿帕奇（Jicarilla Apache）印第安人保留地上道西鎮附近的一個地下基地與外星人進行了交流。他告訴威廉，這些小小的灰人外星人綁架了人類，並在頭骨的底部插入了一個用於監視和控制人類的裝置。他說，政府知道這一點，並參與了外星人的活動。他還說，外星人擔心我們的核武器和核輻射。他告訴威廉，保羅正在研究一種可以有效對抗這些外星人的武器。[6]

除了前述的聲明外，李爾並添加了以下的驚人公開聲明片斷：

「51區以及新墨西哥州道西附近的類似地點，現在可能屬於不忠於美國政府，甚至不忠於人類的武力。令人震驚的是，我們認為（在聯合互動基地中）為我們工作的所有科學家實際上都是由外星人控制的。……不管您聽到什麼，SDI都可以擊落來襲的飛碟。錯誤的是我們以為他們是（從太空）入境的，實際上，他們已經在在這裡了，他們遍布在各地的地下基地。看來，外星人在我們不知情的情況下建造了許多這樣的基地，在那裡他們對動物、人類和他們自己創造的即興生物進行了令人髮指的遺傳實驗。

這樣就誕生了神劍計劃（Project Excalibur）。新聞報導稱，神劍是一種旨在消滅深埋的蘇聯指揮中心的武器系統，雷根政府虛偽地將其稱為破壞（深層掩體）穩定。我們有完全相似的指揮中心。李爾聲稱，該武器實際上是針對內部外星人的威脅。不幸的是，外星訪客入侵我們的方式不止一種。

數以百萬計的美國人已經被植入一個小裝置，其尺寸從50微米到3毫米不等；它通過鼻子插入大腦。它有效地控制了人們。艾倫·海尼克（J. Allen Hynek）博士在一九七二年估計，每40個美國人中就有1個被植入。我們認為現在可能高達十分之一。這些植入物將在不久的將來被激活，用於某些未指定的外星人目的。相信許多植入者是出於某些未指定的外星人目的。可以相信，男性植入者受到了心理上的控制，有待日後指定的具體任務時才會採取行動。」[7]

當李爾被迫透露他的一些消息來源時，他說他的匿名情報線人直達最高層級，此外，他提到了一些名字，他從其中收集了信息。[8]其中一個重要資源是來自保羅·本尼維茨的報告——Beta 計劃，這份報告總結了他的攝像、攝影、電子偵聽、通訊和野外工作的證據：

本尼維茨曾在兩年間以每天24小時連續記錄電子監視和跟踪阿爾伯克基半徑60英里以內的外星飛船數據，外加六千英尺的白天和黑夜的前述飛船動態影像。檢測和拆解本地、地球和附近空間的外星通信和視頻通道。不斷接收來自外星飛船和地下基地的視頻；它們包括典型的外星人，類人動物，有時是智人（即人類）。在新墨西哥州一位遭遇受害者（Encounter Victim）的案例歷史研究，導致了交流聯繫並發現，顯然所有遭遇受害者都被故意置入了外星植入物，並伴有明顯的疤痕。通過X射線和

CAT掃描，驗證了受害者的植入物（implants），還確認了其他五例的疤痕案例。隨後的航空和地面照片顯示了外星飛船著陸塔架、地面上的船隻入口、光束武器和明顯的發射港，以及停在地面上由靜電支持的飛行器上的外星人，充電束武器顯然也帶有靜電。[9]

本尼維茨收集的所有證據都指出，道西存在著被不同外星種族使用的地下基地。他發現的通訊，視頻圖像和被綁架者的證詞提供了用來了解該基地正在發生的事件及對國家安全影響的進一步信息。截至一九七八年九月八日，本尼維茨提出如何到達道西地下基地入口的路徑走法之建議，並待證實與確認。他估計總基地面積寬約3公里，長8公里，具有多層次，此時的外星人口（包含幾種文化）總數至少為二千，還有可能更多，共同使用稱為「UNITY」的電腦語言。他並得到一些認知：[10]

- 外星人將不允許任何人在尚未安裝植入物及在其被綁架的知識消除之前就離開；
- 所有外星人、人類與類人動物都必須置入植入物，如果沒有植入物，顯然不可能直接溝通。因此，人們通常可以任意地說，如果某人聲明他／她通過思想與外星人進行了交流，他／她很可能已被植入某種裝置；
- 外星人，無論是通過進化還是因為類人動物是「人造」，都會表現出不良邏輯的傾向（通過與地球邏輯的比較是不良的），因此他們並不是萬無一失的。實際上，他們似乎比普通的智人更加脆弱和有著弱點。對於外星人而言，思想是關鍵，其中存在著巨大的弱點；
- 外星人不被信任；
- 外星人通常可被光束殺死；
- 看來類人動物是由人類或牛類材料或兩者製成的配方餵養的，這些配方是由相同材料通過基因剪接和使用女性受害者的卵子製成的。最終的胚胎被外星人稱為「器官」。

保羅・本尼維茨的最後（或者說是 Beta 計劃）結論是：[11]

(1) 外星人在任何情況下都不能被信任；

(2) 外星人完全具有欺騙性，以死亡為導向，對人類或人類的生活沒有道德上的尊重；

(3) 不能以任何方式解決談判，協議或和平的妥協等事項；

(4) 雙方簽署的協議永遠都不會被外星人認可和尊重，儘管他們可能會試圖使我們相信。

此外，本尼維茨也認為，外星人有致命弱點，水對他們就是生命，因而可從控制水供應來制伏他們。[12]

道西基地前安全官托馬斯・卡斯特羅在接受布蘭頓訪問時也曾提到灰人的特點與弱點，他說，灰人對光是敏感的，任何強光都會傷害他們的眼睛。他們避免陽光照射，並在夜間旅行。相機閃光燈使他們後退。他們的大腦比我們的腦更有邏輯，他們不會創造「樂趣」。他們也不懂詩。如果你跟在他後面，灰人可以讀懂你的意圖。他們可以讀取你的意圖的原因是他們利用你身體的頻率。人類傳播一種他們認為是電磁脈衝的頻率。每個人的頻率略有不同，這種差異就是我們所說的「個性」。當一個人思考時，他們會發出強烈的脈衝，在恐懼的情況下，頻率很高，很容易識別。冷靜和沈著的心態應該更難識別。

我們可以保護自己免受他們的傷害，但是95％的人類從不嘗試控制自己的想法，而控制自己的想法是最好的武器。控制你的思想，你就可以阻止外星人企圖綁架和控制你。[13]

從上文敘述可知，電子專家保羅・本尼維茨對深藏其家附近地下基地內的外星人的確做了深度觀察，[14]而這就成了他後來悲慘結局的導火線，我們且拭目看看他是如何因其單純的科學工作者心態而遭受打擊。保羅可能是在這些同類事件中遭受愚弄與打擊的第一個著名案例。

2.2 保羅·本尼維茨的悲劇

前文說到，在邁娜·漢森遭綁架的同一時間段內，保羅·本尼維茨開始從他家的屋頂拍攝政府設施上空的神秘飛行物。使用帶有伸縮鏡頭的高端靜態相機和膠卷相機，他能夠多次拍攝飛越甚至明顯降落在敏感區域（例如柯特蘭空軍基地和曼薩諾核武器儲存設施）的物體的照片和電影鏡頭。有報導稱，他還在飛往科羅拉多州參加商務會議時拍攝了不明飛行物的照片，雖然目前無法獲得這些照片的副本。

面對著他認為越來越多的證據，本尼維茨決定嘗試攔截他在柯特蘭空軍基地周圍看到的一些無法解釋的物體傳輸的任何信號。利用他豐富的電子知識，他組裝了必要的設備並編寫了計算機程序來嘗試解碼他開始接收的傳輸信號。最後，他寫了一份題為Beta計劃的報告，概述了他對通信信號、植入和綁架的發現。

UFO圈內人威廉·漢密爾頓三世（William Hamilton III）也提到，一九八〇年當他住在亞利桑那州格倫代爾（Glendale）時，他接到朋友沃爾特·鮑姆加特納（Walter Baumgartner）的電話，後者出版了一本發行量有限的雜誌，名為《無限能源》。沃爾特是一位天生的技術專家，他說他已經開始在新墨西哥州阿爾伯克基（Albuquerque）的雷霆科學實驗室（Thunder Scientific Labs）為一位名叫保羅·本內維茨的物理學家工作。然後他繼續告訴威廉一個奇妙的故事，保羅不但拍到了不明飛行物，而且他已成功地與靠近科羅拉多州邊境道西鎮的阿丘萊塔山（Mt. Archuleta）附近的一個地下基地外星人交流，該基地位於吉卡里拉・阿帕奇（Jicarilla Apache）印第安保留地。

一九八八年四月十九日，漢密爾頓三世和妻子抵達新墨西哥州的道西，探望加布・瓦爾迪茲（Gabe Valdez）。加布說他相信本尼維茨所說的關於該地區外星人活動的80％左右的消息……他似乎肯定地認為該地區有一個基地，但他對它的位置的想法與保羅不同。他認為基地可能在道西以南，靠近戈麥斯牧場（Gomez Ranch）。他說他沒有發現任何進入基地的入口。他在靜音場址附近發現了著陸軌跡和履帶痕跡。

一九八八年十月，一對夫婦登上了距離漢密爾頓家不遠的特哈查皮山脈（Tehachapi Mountains）南側（愛德華茲空軍基地外）的高原。凌晨兩點，他們目睹了一個巨大的閃光球體從地面升起，緩緩升上天空。他們經歷了大約兩個小時的失憶時間。在一位對不明飛行物被綁架者感興趣的當地催眠治療師的催眠下，該男子回憶起曾被帶到地下設施。他不停地提到「上校」！……。[15]

本尼維茨在一九八〇年八月首次目擊了出現在科特蘭空軍基地（Kirtland AFB）曼薩諾武器儲存區（Manzano Weapons Storage Area）上空的不明飛行物。一九八〇年十月二十八日的柯特蘭空軍基地事件報告曾提到，本尼維茨拍攝了柯特蘭上空的不明飛行物。

沃爾特告訴威廉，這些灰色的小外星人正在綁架人類，並在他們的頭骨底部插入一個裝置，以便監視和控制。他說，「政府」知道這一點，並參與了外星人的活動。他還說外星人害怕我們的核武器和核輻射。他進一步告訴威廉，保羅正在研究一種可以有效對抗這些外星人的武器。[16]

的確，保羅・本尼維茨是第一個提出綁架者被植入某種小型設備的概念的人，他在 Beta 計劃的手稿中寫下了「估計在美國至少有30萬人被植入…在全球範圍內至少有200萬人」的語句。他的家中安置著一個他建造的接收器，該接收器正在接收低頻電磁信號，他說這些信號來自存放核物質的曼薩諾武器儲存區附近的柯特蘭空軍基地。他所住的社區離曼薩諾地區很近，兩者僅由倒鉤鐵絲網和電圍欄隔開。他的房子距離曼薩諾山僅約1英里（1.6公里）。他還曾到過曼薩諾地區。曼薩諾山的大部分都被隧道挖空了，阿爾伯克基的每個人都已經知道它很久了。保羅．本尼維茨想必也知道這一點。

保羅確信他所記錄的信號和圖像是外星人入侵的明顯跡象，因此他將觀察所得寫成了一份報告後，於一九八〇年十月二十四日聯繫了柯特蘭安全警察局的歐內斯特．愛德華茲少校（Major Ernest Edwards），他這樣做的原因是，他認為他的材料值得政府關注，並且報告這些材料是他的職責。依克利福德．史通（Clifford Stone）的話說，本尼維茨「感覺他參與了一件最終造福全人類的事情。他完全信任情報界的人，這些人背叛並利用他來實現他們殘酷而邪惡的目的。」[17]

一份日期為一九八〇年十月二十八日的《柯特蘭空軍基地事件報告》提到本尼維茨曾拍攝過柯特蘭上空的不明飛行物，保羅在阿爾伯克基進行了簡報，詳細介紹了他是如何在視頻屏幕上看到外星人的。保羅本人是一名曾為航天飛機和多家財富500強公司開發設備的傑出科學家，他透過使用十六進制代碼開發的電腦-無線電-影片連接，在接入他們的航天器到基地的通信頻率後發現外星人蹤跡的。他報導說外星人正在傳送來自阿丘萊塔台地地下基地的信號。

愛德華茲少校當時是該基地禁區的指揮官。在接下來的幾個月中，他對此表示關注，他並要求曼薩諾武器儲存區的警衛向他報告發現的任何不尋常空中照明燈的情況，原因是柯特蘭基地正在進行許多秘密項目，需要防止竊聽，而本尼維茨確實收到了無線電信號，但這只是軍事通信，而不是外星人。

政府想知道他是如何做到的，因為如果他能做到，那麼蘇聯人和其他敵人肯定也能做到。簡而言之，政府發現保羅嚴重違反安全規定（嚴重是因為它涉及地球上最重要的軍事設施之一），他們決定將該漏洞從頭遏制，而不僅僅是堵塞它，同時並決定查看洩漏的嚴重程度。但是，要達到此目的，就必須編造謊言網。這正是理查德．多蒂（Richard C. Doty）在一九八〇年底開始躍入本尼維茨案子的原因。

一九八〇年八月上旬，三名警衛報告說，他們看見桑迪亞軍事保留區下降的航拍燈。歐內斯特．愛德華茲向空軍特殊調查辦公室（Air Force Office of Special Investigations，簡稱 AFOSI 或 OSI）特工理查德．多蒂報告了目擊事件，但並未意識到多蒂已經從拉斯．柯蒂斯（Rands Curtis）（桑迪亞安全負責人）那裡得知，關於桑迪亞安全警衛在三名曼薩諾警衛目擊事件發生幾分鐘後就在建築物附近發現了一個盤形物體的信息。多蒂在他的正式報告中包括了這些報導以及其他一些報導，並將其轉發給位於華盛頓特區的 AFOSI 總部。

理查德．多蒂稱他以虛假信息官員的身份在空軍特別調查辦公室工作。UFO 作者萊斯利．甘特（Leslie Gunter）曾向琳達．豪詢問，她告訴後者她確實在柯特蘭與多蒂會面，在那裡他給了她一些真實的信息，但同時似乎也企圖讓她相信他所給的另一些不真實信息。她回憶說，她並沒有上當。然而保羅．本尼維茨則相信多蒂告訴他的一切。當時比爾．摩爾正做為一個虛假信息代理人（為多蒂跑腿），他試圖告訴本尼維茨不要相信多蒂，甚至摩爾自己告訴他的一切也不能相信，但無濟於事。[18]

自從本尼維茨向歐內斯特．愛德華茲報告之後，從那時起，其他許多人也參與其中。一九八〇年十一月十日本尼維茨被邀請參加在柯特蘭空軍基地舉行的一次特別會議，出席會議的有幾名主要的空軍軍官和桑迪亞人員，其中包括空軍準將威廉．布魯克希爾（William Brooksher）。在會議中本尼維茨向其他人介紹了他的證據，當時他製作了他在過去15個月內拍攝的ＵＦＯＳ的電影和照片。然而這時本尼維茨犯了一個重大錯誤，他聲稱他有證據表明他與飛越過柯特蘭上空的外星人有過接觸。如此一說使得柯特蘭空軍基地對他感興趣了，為什麼？原因是他們雖早已經明確表示，目前沒有外星生命來拜訪我們的星球，但因為他們正執行一些秘密計劃，故對於尋找更多有關其計劃是否遭竊聽的信息非常感興趣。

理查德．多蒂與柯特蘭空軍基地空軍測試與評估中心的科學顧問傑里．米勒（Jerry Miller）共同在位於曼薩諾基地邊緣的本尼維茨家中採訪了本尼維茨。他們檢查了本尼維茨的膠捲和錄影帶，萊特．帕特森空軍基地前藍皮書項目調查員米勒確定這些膠卷確實顯示了某種類型的不明航空物體。他們還注意到本尼維茨指向曼薩諾方向的一系列電子監視設備。AFOSI 拒絕進一步調查，但打算由萊特．帕特森的人員檢查本尼維茨的數據。AFOSI 還對本尼維茨進行了背景調查。基本調查分隊司令托馬斯．切（Thomas A. Cseh）簽署了一份文件，以確認這一點。最後，還有在空軍部掩護下的 AFOSI 總部發布的與上述事件有關的全套文件。[19]

本尼維茨因此得到了經費，有了足夠的資金，他就可以繼續修理那些正在檢拾信號的設備。這是激發本尼維茨繼續前進的錢，空軍也想看看有了資金，他能走多遠。

保羅在這次受邀的特別會議上會見了一位名叫理查德．多蒂的年輕特工，而在該次會議召開僅幾個月前的八月八日有三名安全警衛在曼薩諾武器儲存區附近上空看到了一艘圓盤形ＵＦＯ。同年八月十日一名新墨西哥州警看到另一艘不明飛行物在曼薩諾武器儲存區登陸。九月八日，桑迪亞保安人員報告了8月份的第一個星期有一個圓盤狀物體在接近一個警示結構物處登陸。以上飛碟的降落及其與政府間的關係是多麼曖昧，多蒂因此在會議中就飛碟事件向保羅暗示，空軍特別調查辦公室將不會參與對這些身份不明物體的調查。從本質上講，多蒂告訴保羅，空軍不對UFO進行調查即是表明空軍不會就保羅的陳述進行調查，可惜，此階段保羅尚無法領會多蒂的話中意思，當然也看不出政府的態度。

由於十一月十日的會議中空軍對保羅的態度不熱烈，保羅轉而就此事與參議員哈里森．施密特（Harrison Schmidt）聯繫以及與其他不明飛行物調查員（例如琳達．莫爾頓．豪和約翰．李爾）聯繫。施密特參議員了解保羅及其UFO研究的重要性，他致電理查德．多蒂，要求空軍調查此敏感問題，並看看究竟是哪個或哪些機構負責調查工作。[20]政府也許對保羅的過度熱心不放心，也許它懷著另一不可告人的目地，空軍特別調查辦公室決定對保羅進行反情報戰，因此多蒂自此開始對保羅釋出一些真真假假的信息，而保羅幾乎全都信以為真，照單全收。

一九八〇年十一月十七日，多蒂會見威廉．摩爾（William "Bill" Moore），他詢問摩爾是否願意合作。如果摩爾願意散佈虛假信息，那麼摩爾將有機會接觸美國政府的不明飛行物內部秘密。

上文提到的摩爾，他在一九八〇年與查爾斯．貝立茲（Charles Berlitz）一起出版《羅斯威爾事件》（Incident At Roswell）一書時首次宣傳並說活了羅斯威爾故事。直到上市出版前，大多數美國人對羅斯威爾事件沒有興趣或知識，原因是它早已被多數人遺忘，並在一九四七年被美國陸軍視為錯誤識別而遭封存。

多蒂邀請摩爾合作的事得到後者的證實。爾聲稱，大約在他開始宣傳羅斯威爾故事的同時，他正在與柯特蘭空軍基地的理查德．多蒂合作，並參與了一個虛假信息策略，用道西基地的虛假信息餵飽保羅．本尼維茨（當時他正在對道西進行獨立調查）。

這是一個很大的胡蘿蔔，很明顯，多蒂與摩爾兩者永遠不會混合在一起。為什麼知道並成功掩蓋此事的人會邀請某人散佈更多的謊言，但作為回報，他會被告知真相？這事似乎不合邏輯，但是像本尼維茨一樣，摩爾似乎也屈服了，至少他接受了這筆交易（按：除了摩爾一九八九年在內華達州拉斯維加斯舉行的 MUFON 會議上的口頭「認罪」外，沒有任何可證實的文件表明他以任何官方身份參與了這種虛假信息策略）。威廉．摩爾散播的消息是針對本尼維茨的，在一九八一年春末，AFOSI 開始將本尼維茨的注意力從柯特蘭基地轉移開，而將注意力集中在道西上，這個地方空軍認為不重要，因此非常適合成為虛構的外星人基地。

到了一九八二年，「空中現象研究組織」（APRO）決定調查本尼維茨的宣稱。他們派出了威廉．摩爾與本尼維茨對話，威廉．摩爾是 APRO 董事之一，曾任學校教師，前作家兼 UFO 調查員。摩爾（與查爾斯．貝里茲（Charles Berlitz））合著《費城實驗》和《羅斯威爾事件》，在不明飛行物領域頗有名氣。

一九八二年，因羅斯威爾的風光而享譽全球的威廉．摩爾與不明飛行物官僚機構的艾倫．海尼克（Allen Hynek）會面。喝了酒後，海尼克說他是那個把計算機程序交付給本尼維茨的人，本尼維茨因此利用該程序開始分析與外星人的通訊，而這程序是7.5萬美元贈款的一部分，他應空軍的要求提供了該工具。本尼維茨被告知，他收到的程序已經「由外星人自己修改」，以促進雙方彼此間的交流。實際上，這是一個誘餌。它僅是要產生亂碼，其目的是促使本尼維茨繼續監視通信，然後由機器「解密」這些通信。

但是，正如上文所提到的，它是專門創建的東西，因此本尼維茨不會去嘗試分析通信本身，這是屬於最高機密的。取而代之的是，他得到的是一些源源不斷的垃圾訊息。然後，這些交流將被納入他的理論中，作為與外星人通訊的「證據」。一九八〇年末，本尼維茨決定將他的發現告知不明飛行物社區，並致函「空中現象研究組織」，詳細介紹了他的理論。同時，他寫信給參議員，告知他們外來的威脅，外星人正在接管他們所在州的基地。參議員試圖跟進，但收效甚微。

驅使本尼維茨走到崩潰邊緣的原因之一是，他看到了自己家中的能量球，據他推測它是由外星人發出的。多蒂認為這一切都是本尼維茨的想像，直到他得知NSA（國家安全局）也在密切監視本尼維茨。多蒂闖入本尼維茨的房屋後，自己觀察了光源，以了解本尼維茨的進展情況。他指出，馬路對面的房屋似乎是監視本尼維茨的地點。能量球是否與從街對面「成束」射來的東西有關？直到一九八九年，當摩爾承認自己在本尼維茨事件中的角色時，多蒂和摩爾合作的真相才曝光。

摩爾選擇參加一九八九年MUFON會議，以便與AFOSI聯繫，以保留記錄。同時，他希望他的演講對UFO研究人員是一個警告，不要陷入同樣的陷阱。摩爾似乎沒有意識到，許多年前許多人已經陷入了同一個陷阱，而有些人將效仿摩爾的榜樣，並在隨後的幾年中才說明真相。

會議中摩爾承認自己有欺騙行為，儘管他聲稱自己已經被欺騙了，但會場中聽眾還是起哄。會議進展不順利，主持人不得不多次要求安靜和干預聽眾。一些人意識到，講台上的那個講員已經使一個真誠的人瘋了，因而不贊成其做法。其他人則大吃一驚，有些人一定已經意識到政府是如何玩弄本尼維茨的。摩爾聲稱他只是從一九八一年開始與政府合作……但是他是說出全部事實，還是只是洩露了某些內容？當然確實有可能摩爾和多蒂在一九八一年才開始合作，但摩爾基於最簡單的證據，成為第一個為羅斯維爾是外星人登陸地點的事實進行辯護的人。摩爾在一九八九年的會議中供認，他說其他四名美國 UFO 著名研究人員也在為 AFOSI 工作，但他拒絕透露他們的名字。[21]

雖然政府愚弄本尼維茨，但他並不是一個完全的笨蛋。他收到的信號是真實的信號。多蒂說，在柯特蘭基地有自己辦公室的國家安全局正在發送和接收信號。多蒂最終被國家安全局特工所取代，他們希望通過散佈有關 UFO 的荒誕故事來讓本尼維茨抹黑自己。他們還想密切注意他，以確保他不會與冒充不明飛行物愛好者的蘇聯間諜分享他攔截這些信號的方法。本尼維茨甚至被送來了某種軟件（見前文），該軟件被認為可以對基本上給了他關於外星人入侵的一堆廢話的信息進行解碼。

在多蒂與國家安全局的設計下，最終本尼維茨確信，真正的威脅是道西附近某個地方的地下外星人基地。根據多蒂的說法，軍方希望保羅認為外星人造成了牛殘割，實際上它是由軍方完成的。據邁娜．漢森的綁架案，實際上保羅也確實認為，牛殘割是外星人幹的好事。例如，在吉姆．麥克坎貝爾（Jim Mccampbell）的電話採訪中本尼維茨說：

「外星人正在使用牛的 DNA 並製造類人生物，他得到了他們視頻屏幕的照片。這些被製造出來的生物中有些像動物，有些接近人類，有些是人類，頭大而矮。外星人培育胚胎，在胚胎經過一年的訓練而變得活躍之後，大概這是他們開始運作所必需的。當這些被製造出來的生物死後，他們會回到大桶中。他們的人體部件被回收。」[22]

國家安全局則希望本尼維茨將精力集中在道西設施而不是柯特蘭基地，後者有真正的東西正在進行，所以他們建立了一個精心設計的騙局，以配合他的幻想及轉移他的注意。根據多蒂的說法，他們用直升飛機從柯特蘭撿起一堆碎片，它看上去像是屬於太空飛船的東西，甚至把大管子砸向阿丘萊塔台地的地面，使它看起來像是地下基地的通風井。

完成所有這些工作後，多蒂駕駛飛機載著本尼維茨飛越該地點，向他展示空軍擔心的事情。本尼維茨顯然相信了多蒂的每句話。本尼維茨對這個地區非常感興趣，以至於他購買了自己的飛機，並開始親自在該地點進行偵察。在其中一次飛行中，他遇到了可能是早期原型隱形轟炸機的殘骸。他拍了許多照片，把照片展示給理查德·多蒂後，本尼維茲被告知這是一架實驗性核飛機，基地以及本尼維茲和其他人應該遠離輻射。在所有人都遠離的情況下，這使空軍有時間清理殘骸，而國家安全局則有時間竊取本尼維茨的照片。一些研究人員（例如比爾·摩爾）曾見過本尼維茲拍的原始照片。

一九八八年八月，經過8年的持續壓力和睡眠不足，他的妄想症達到了前所未有的高度，他在自己的住所設置了嚴格的限制，他幾乎沒有吃飯或睡覺，並且確信外星人將在深夜進入他的家並會向他注射奇怪的化學物質，他因此開始在自己的房子裡放著槍和刀，保羅因此被其家人送往精神病院。

理查德·多蒂說，不管他對保羅做了什麼，他都把後者視為一個朋友，對這一輪事件感到非常難過，在保羅住院期間他甚至趕緊去醫院看望他。在住院一個月之後，在家人的幫助下，保羅回家休養。他的家人一直非常關心他的健康，他們明智地決定永遠讓他遠離UFO和ET的困擾，直到他於二〇〇三年六月二十三日去世，享年75歲，他的遺體被安葬在聖達菲的退伍軍人公墓。[23]至於多蒂這個人，考慮到他退休後仍在繼續散佈虛假信息，例如他曾給比爾·瑞安（Bill Ryan）偽造的Serpo照片，故在引用他退休後所提供的資訊時確實應謹慎行事。

總結保羅·本尼維茨關於不明飛行物與外星人的說詞，起初尚合情理，後來因政府假資訊的摻和和長期失眠引發的精神變異，使其後期的說詞變成怪誕而無法理解，儘管如此，本尼維茨從一九七九年底開始拍攝、拍照與電子攔截那些似乎是廣泛的ＵＦＯ／ＥＴ活動和通訊，它們仍然有其不可否定的價值。多年來有不少ＵＦＯ專家嘗試從各種不同途經去解讀他的說詞，其中之一是專門調查保羅．本尼維茨的主張所據之《Beta—計劃》一書的作者格雷格．畢曉普（Greg Bishop），他也是二〇〇九年三月二十九日，由早川紀夫（Norio Hayakawa）主持，在道西召開的一次研討會中的講員，該次研討會討論與該鎮有關的許多傳聞和異聞故事，其中許多自然與保羅．本尼維茨的事有關。

早川紀夫說，阿爾伯克基之所以具有重要意義，是因為它是一九四五年第二次世界大戰後通過「回形針計劃」（Operation Paperclip Program）被立即轉移到美國的德國科學家們的落腳點，美國不僅將德國的科學家帶入了該國，而且還引進了許多熟練的情報官員。早川紀夫引述畢曉普的話說：『無論如何，當本尼維茨開始拍攝並試圖報導他目睹的奇怪空中活動時，他立即引起了政府的注意。一種理論認為，這名迷惑不解的科學家正在目睹所謂的無人機（UAV）或無人駕駛飛機的試飛，這些無人機可以在地面上進行遠程控制，也可以通過機載計算機系統進行編程。無論涉及什麼秘密飛行，政府都不希望本尼維茨知道真相。』[24]而事實上，在分析了本尼維茨收集的數據之後，KAFB空軍測試與評估中心首席科學顧問傑里．米勒（Jerry Miller）結合了相關的證據後清楚地表明，某些類型的不明航空物被捕獲在膠卷上。但是，無法確定這些物體是否對曼薩諾／郊狼峽谷地區構成威脅。[25]

此外，應強調的是，本尼維茨的調查強度和官方對他的回應造成了嚴重的個人傷害，這導致本尼維茨精神崩潰。後來他完全退出了對道西基地的任何公開討論，並結束了對ＵＦＯ問題的參與。儘管他有爭議地退出了ＵＦＯ場景，但本尼維茨作為無可爭議的電子天才的可信度是毋庸置疑的，而大量關於ＵＦＯ／ＥＴ現象的電影、照片和原始電子通信數據的數據庫是強有力的證據，表明阿丘萊塔台地周圍正在發生某些事情。

最後，本尼維茨的案件似乎證明，至少政府的某些部門正在向UFO研究人員提供虛假信息，並使用UFO故事來掩蓋他們自己的秘密項目。本尼維茨的下場雖然不幸，但對政府而言，他的問題性質充其量只能算是「企圖洩密」，因此比起後來的另一些已洩密者，他的結局算是好的了。那這些已洩密者其命運如何呢？請見下章分曉。

註解

1. Carlson, Gil. The Yellow Book. Blue Planet Project Book #22, 2018, Kindle Edition, p.112
2. Ibid., p.112 and p.116
3. Ibid., pp.110-114
4. Ibid., pp. 25-29
5. Jim Mccampbell, Exclusive Interview With Paul Bennewitz, in Beekley, Timothy Green, Christa Tilton, Sean Casteel, Jim McCampbell, Dr. Michael E. Salla, Leslie Gunter, Bruce Walton. Underground Alien Bio Lab At Dulce: The Bennewitz UFO Papers. Global Communications (New Brunswick, NJ). 2009, p.161
6. Branton (aka Bruce Alan Walton). The Dulce Wars: Underground Alien Bases & the Battle for Planet Earth. Inner Light/Global Communications, 1999, pp.59-60
7. Ibid., pp. 35-36

8. 這些信息來源包括：

(1) 保羅・本尼維茨

(2) 琳達・豪（Linda Howe）

(3) 羅伯特・柯林斯（Robert Collins）

(4) 克利福德・斯通中士（Sgt. Clifford Stone）

(5) 雷根總統在第42屆聯合國大會上的講話，一九八七年九月二十一日

(6) 羅納德・雷根總統，一九八五年十月四日在馬里蘭州福爾斯頓市（Fallston）對福斯頓高中生和教職員工的講話

(7) 聯邦調查局於一九四九年三月二十五日寄給許多聯邦調查局辦公室的備忘錄。

(8) 一九五三年一月，美國中央情報局羅伯遜不明飛行物小組（Robertson Panel on UFOs）的建議。

(9) 一九八二年五月十八日，美國地方法院關於「反對UFO保密的公民起訴國家安全局」案的意見。

(10) 一九四九年中央情報法案。

(11) 一九五〇年三月三十一日，FBI新奧爾良（New Orleans）分局致FBI局長，關於一九五〇年一月在莫哈韋（Mojave）沙漠中發現飛碟的備忘錄。

(12) 鄧肯・魯南（Duncan Lunan）的書《The flying disks are real》（註：筆者查不到鄧肯・魯南所著的上書信息）

(13) 內森・特溫（Nathan Twining）將軍

Ibid., pp. 37-38

9. Branton, Project Beta〔with suggestions and guidelines〕, Investigator – Physicist- Paul F. Bennewitz.
https://www.bibliotecapleyades.net/branton/esp_dulcebook12a.htm
Accessed 6/28/19

10. Ibid.

11. ibid.

12. Branton, 1999, op. cit., p.123

13. Bruce Walton (aka Branton), Interview With Thomas Castello – Dulce Security Guard. In Beekley, Timothy Green, Christa Tilton, Sean Casteel, Jim McCampbell, Dr. Michael E. Salla, Leslie Gunter, Bruce Walton. Underground Alien Bio Lab At Dulce: The Bennewitz UFO Papers. Global Communications (New Brunswick, NJ). 2009, p.132

14. 保羅・本尼維茨的家（在阿爾伯克基）位在道西南方一二九・五八英里處，沿著 NM 537 路線開車約 169 英里。

15. Dulce and Other Underground Bases and Tunnels. By William Hamilton III. In Timothy Green Beckley, Sean Casteel, Tim R. Swartz, Dulce Warriors: Aliens Battle for Earth’s Domination. Inner Light/Global Communications (New Brunswick, NJ), 2021, pp.252-253.

16. Ibid., p.241 & 249.

17. Clifford Stone, January 4, 2014.
https://www.facebook.com/322630604413960/posts/this-is-the-letter-mr-paul-bennewitz-wrote-to-me-in-1986-i-attempted-to-convince/722154124461604/

18. Leslie Gunter, Paul Bennewitz – Lights, Signals and Lies. In Beekley, Timothy Green, Christa Tilton, Sean Casteel, Jim McCampbell, Dr. Michael E. Salla, Leslie Gunter, Bruce Walton. Underground Alien Bio Lab At: The Bennewitz UFO Papers. Global Communications (New Brunswick, NJ). 2009, p.168

19. Bennewitz, Paul
http://www.exopaedia.org/Bennewitz%2C+Paul

20. Christa Tilton, Special Edition – Myrna Hansen Contacts Author After Going Underground 12 Years Ago. In in Beekley, Timothy Green, Christa Tilton, Sean Casteel, Jim McCampbell, Dr. Michael E. Salla, Leslie Gunter, Bruce Walton. Op. Cit., pp.6-11

21. Philip Coppens, UFOgate Driving Mr. Bennewitz Insane
https://www.eyeofthepsychic.com/bennewitz/

22. Jim Mccampbell, Exclusive Interview With Paul Bennewitz, in Beekley, Timothy Green, Christa Tilton, Sean Casteel, Jim McCampbell, Dr. Michael E. Salla, Leslie Gunter, Bruce Walton. Op. Cit., p.161

23. Leslie Gunter, Paul Bennewitz – Lights, Signals and Lies, In in Beekley, Timothy Green, Christa Tilton, Sean Casteel, Jim McCampbell, Dr. Michael E. Salla, Leslie Gunter, Bruce Walton. Op. Cit., pp.169-170

24. Sean Casteel, Dulce, New Mexico Both Above and Below Ground, in Branton (aka Bruce Alan Walton). The Dulce Wars: Underground Alien Bases & the Battle for Planet Earth. Inner Light/Global Communications, 1999, p.144

25. Dr. Michael E. Salla, The Dulce Report: Investigating Alleged Human Rights Abuses at a Joint US Government-Extraterrestrial Base at Dulce, New Mexico. September 25, 2003
https://exopolitics.org/archived/Dulce-Report.htm
Accessed 6/28/19

第③章

道西基地洩密者——無一倖存者生還

湯馬斯・卡斯特羅（Thomas Castello）及菲利普・施耐德（Philip Schneider）等人因曝光道西地下基地的灰人陰謀活動及發生在該處的軍事衝突事件，而導致悲慘命運。這場衝突事件的「見證者」之一，菲利普聲稱，他是這場衝突事件的三名倖存者之一，他說，另外兩名倖存者住在加拿大的療養院。他們受到加拿大政府的保護，包括菲利普在內的任何美國公民都不得接觸他們。他說，這是因為加拿大政府害怕他們被綁架之故。

菲利普（朋友稱他菲爾（Phil））是一位前政府結構工程師，曾參與美國各地的地下軍事基地施工，其中包括道西設施。他自稱擁有號稱「流紋岩38」（Rhyolite 38）的第3級安全許可，大多數人從未聽說過此種安全許可，它適用於地下地質作業。[1]

最終，菲利普厭倦了保密的日子，辭去了其政府工作，開始進行公開演講。他認為，美國人民有權知道他們的政府在秘密地做什麼。在釋出其所知信息及參與一九九五年 MUFON 年會的過程中，他與涉及蒙托克項目的阿爾弗雷德・比勒克（Alfred Bielek）（比勒克的事蹟見《外星科技大解密》成為了朋友，彼此互相扶持。[2]最終，官方為了使菲利普閉嘴，它讓後者付出了生命的代價。與菲利普相較，另兩名洩密者卡斯特羅與卡拉・特納（Karla Turner）的下場當然也不會好到那裡。

雖然菲利普・施耐德自認是「道西衝突」的見證者，但實際上並無人能驗證其聲稱。民事情報通訊社（Civilian Intelligence News Service）的早川紀夫（Norio Hayakawa）認為菲利普・施耐德從來不是最初的道西基地謠言的一部分。顯然，當他在一九九五年出現在現場並開始公開演講時，他一定已經閱讀了許多關於道西基地的文章。很顯然，他知道沒有人提出有任何個人參與一九七九年「衝突」的說法，他便很方便地將自己投入現場，聲稱自己是道西「戰爭」的倖存者。[3]

菲利普・施耐德宣稱的真相如何？筆者暫不做判斷，待讀者讀了下文之後自行判斷即可。在菲利普自殺（？）身亡前他曾說，「那裡有一場戰爭，從那時起就一直在進行」。他也談到了全球一千四百七十七個地下基地，其中129個位於美國。每個基地都耗資170億美元或更多。……對其他美國政府機構和公眾隱藏的黑預算佔國民生產總值的25%。……來自多個國家的軍隊一直在與外星人進行戰爭。」[4]

3.1 菲利普・施耐德的「自殺」

艾爾・普拉特（Al Pratt）有好幾日沒有其朋友菲爾的音訊，他連續幾天去了菲爾在俄勒岡州威爾森維爾（Willsonville）的公寓，看到他的車停在停車場，但在門口沒有人應答。終於，在一九九六年一月十七日，艾爾與秋季公園（Autumn Park）公寓的經理和克拉克馬斯縣（Clackamas County）警長辦公室的一名偵探進入了公寓。在裡面，他們發現了菲爾的屍體，顯然他已經死了五到七天。克拉克馬斯縣驗屍官辦公室最初將菲利普的死歸因於中風。然而，在接下來的幾天裡，關於他死亡的令人不安的細節開始浮出水面，這讓一些人相信菲爾不是死於中風，而是被謀殺了，其中的內情細節在蒂姆・斯沃茨（Tim Swartz）於施奈德前妻辛西婭・瑪麗・德雷爾・西蒙（Cynthia Marie Drayer Simon）的協助下所撰寫的文章「The Strange Life and Death of Philip Schnieder」有詳細描述，該文最初發表在一九九八年出刊的 UFO FILES 雜誌第一卷第四期。[5]

菲利普・施奈德於一九四七年四月二十三日出生於貝塞斯達海軍醫院（Bethesda Navy Hospital），他的父母是奧斯卡和莎莉施耐德（Oscar and Sally Schneider）。奧斯卡・施奈德上尉原本是納粹德國U船的船長，後來被捕並遣返美國。他涉及各種機密問題，例如原子彈，氫彈和費城實驗，後來他成了美國海軍的一名艦長，從事核醫學工作並幫助設計了第一艘核潛艇。施奈德上尉也是「十字路口行動」（OPERATION CROSSROADS）的參與者，該行動負責在太平洋比基尼島（Bikini Island）測試核武器。他發明了一種高速相機，於一九四六年七月十二日在比基尼島拍攝了第一次原子彈測試的照片。菲利普擁有該測試的原始照片，照片還顯示了ＵＦＯ高速逃離炸彈爆炸點的景象。

在一九九五年五月錄製的講座錄像中，菲爾聲稱他的父親——海軍醫療公司的奧斯卡・施奈德上尉參與了「費城實驗」。菲利普的父親於一九九三年去世時，菲利普在其父住家的地下室發現了原始信件。根據菲利普的說法，這些信件證明費城實驗確實存在，並且奧斯卡・施奈德在機組人員被隔離在弗吉尼亞州精神病病房後參與了實驗。據推測，施耐德上尉在船員死後對他們的屍體進行了解剖，並在他們的手臂、腿、眼睛後面和大腦深處發現了外星人植入物。施耐德上尉被這些植入物弄糊塗了，所以它們顯然不是軍方植入物。它們在本質上一定是外星性質，並且在晶體管發明之前就發現了類似

「晶體管」的植入物。這裡有證據表明，無論是偶然還是故意，外星人都參與了費城實驗，並且可能是其失敗的主因。

在奧斯卡的地下室還發現了十字路口行動期間拍攝的照片，其中在比基尼島上使用了核裝置。從飛機上拍攝的真實軍事照片顯示不明飛行物從潟湖升起並飛過蘑菇雲。然而，這些照片在他去世時神秘地從菲利浦的公寓中消失了。此外，前妻辛西婭更發現，菲利普的公寓中遺失了他的講課材料，未知的金屬，軍事照片以及他關於UFO的未書寫書稿的所有筆記。但是，錢和其他貴重物品卻沒有遺失。

菲爾自稱是一名前政府結構工程師，曾參與在全國各地建造地下軍事基地（DUMB），並且是一九七九年末灰人外星人與美國軍隊發生在道西地下基地的衝突事件中倖存下來的三個人之一。他的前妻辛西婭認為，菲爾被謀殺是因為他公開披露了美國政府參與不明飛行物活動的真相。

在菲利普去世前的兩年裡，他一直在巡迴演講，談論政府掩蓋、黑預算和不明飛行物。他在演講中表示，一九五四年，在艾森豪威爾政府的領導下，聯邦政府決定規避憲法，與外星人締結條約。該條約被稱為一九五四年的格林達條約（Greada Treaty）。官員們同意，為了獲得外星技術，灰人可以在選定的公民身上測試他們的植入技術。然而，外星人必須通知政府誰被綁架並接受了植入。隨著時間的推移，外星人慢慢改變了交易，在沒有向政府報告的情況下綁架和植入了數千人。

一九七九年，菲爾受僱於莫里森-克努森（Morrison-Knudsen）公司。他參與了新墨西哥州道西地下軍事基地的擴建。當時的工程在沙漠中鑽了四個洞，要與隧道相連。菲利普的工作是深入鑽孔，檢查岩石樣本，並推薦炸藥來處理特定的岩石。在這個過程中，依菲利普的理解，工人們意外地打開了一個巨大的人工洞穴，這是一個被稱為灰人的外星人的秘密基地。在發生的恐慌中，有67名工人和軍事人員喪生，菲利普是僅有的三個倖存的人之一，他聲稱其胸部的傷疤是被外星武器擊中造成的，後來由於輻射而導致癌症。

菲利普稱道西設施「意外」建在一個古老的ET基地上的可能性不大，這表明他只是部分地了解了其本身任務的真實性質以及較低層發生的事情。更有可能的情況是，他必須協助美國軍隊進入道西設施的最內層，即第7層級，該設施已被關閉，並且是爭端的真正原因所在。

一九九三年的某個時候，施耐德在確信高大的灰人ET制定了由聯合國主導的新世界秩序陰謀後，辭去了他的各種為公司客戶提供的軍事合同服務工作。隨後，他開始了一系列公開講座，揭示了他幫助建造的地下基地的活動以及外星種族在滲透國家／政府和成為新世界秩序的真正設計師方面的作用。施耐德於一九九五年五月在MUFON會議上發表主題演講，七個月後的一九九六年一月他被發現死在自己的公寓中。

菲利普的死亡被很多人認為是遭謀殺，持這個觀點的人中包括他的前妻——辛西婭。辛西婭與菲利普兩人於一九八六年六月在俄勒岡州瑪瑙和礦物學會的一次會議上結識，一九八七年兩人結婚。後來他倆有了一個女兒——瑪麗．施耐德（Marie Schneider）。結婚之初他們有一段甜蜜期，但後期的婚姻有困難。辛西婭認為，菲利普的健康問題助長了他倆的分手。菲利普有多種健康問題，其中數種可能是致命的。他患有慢性下背部疼痛，即使經過背部手術也從未消失。此外，他還患有慢性和進行性多發性硬化症。有時他不得不使用拐杖、身體支架及腿支架、膀胱袋、導管、尿布和輪椅。他經常須要躺在醫院的病床上，靠著欄杆，頭盔和身體支架睡覺。辛西婭初次見到菲利普時，他因癲癇發作正在服用狄蘭汀（Dilantin），且由於過敏反應，他因這種藥物昏死過去了3次。

菲利普還患有骨質疏鬆症和癌症。他有數百枚彈片傷口，腦袋有一塊鐵皮，大腦中有一塊金屬碎片，左手兩手指失去了，據說這是當他與地下基地的兩個灰人戰鬥時失去的，當時灰人向他發射了先進的雷射武器，他的腳趾甲也被燒掉了，最後他殺了這兩個灰人。此外，一條疤痕從菲利普的喉嚨頂部延伸到了其肚臍下方，另一條疤痕從他的肋骨下方延伸到了另一邊。辛西婭後來說，菲利普在越南的莫里森·克努森（Morrison-Knudsen）公司擔任民用結構工程師時，炸彈落在他身旁，導致他的大腦受損，當時他有流紋岩通行證（Rhyolite clearance）。菲利普有學習障礙，雖在某些領域表現出色，但無法在醫生辦公室填寫表格。他能夠創建時間旅行公式，卻無法為金錢做預算，他不得不申請破產一年。

辛西婭還說，因為失敗的銷售岩石、礦物和古董的自營企業，再加上菲利普胸部疤痕的整形外科手術、下背部手術、膽囊手術和他們女兒的出生，這些都在一年之內發生，這對他倆造成了艱難的婚姻，最終導致他們在一九九〇年離婚。她還認為菲利普是一個複雜的人，一部分是天才，一部分是偏執型精神分裂症。他們的婚姻雖很糟糕，但離婚後卻發展出一段美好的友誼。

菲利普·施奈德神秘死亡後的一些調查人員難以相信他在去世前所做的一些令人難以置信的聲明。即使是那些在菲利普生前就認識他的人，也並不總是接受他的故事的真實性。辛西婭指出，當菲利普面臨危機或壓力時，他會告訴人們他被捕了，或者警長辦公室或政府的人已經在他家門口。這是他表達他的危機的方式。不幸的是，她聲稱，有時這是真的，就像「高叫狼來了的小男孩」一樣，菲利普的朋友們對他的報導變得麻木了。

儘管菲利普的說法似乎過於瘋狂或令人不安，但他顯然相信自己所說的話。菲利普聲稱他的生命處於危險之中，因為他揭露了真相，有些人會為了保密而殺死這個揭露真相的人。菲利普從他的朋友羅恩・烏特拉（Ron Utella）那裡借了一把槍，說他覺得他需要保護，並且有幾次試圖讓自己的車離開道路以避開可能的追蹤。但最終，菲利普的保護措施不足以挽救自己生命。一九九五年五月菲利普在愛達荷州後瀑布市（Post Falls）的 MUFON 年會中發表演講。講話中，他談到了諸如太空防禦倡議、黑色直升機、專用於收容政治犯的火車車廂、世貿中心爆炸案和秘密黑預算等話題。半年後的一九九六年一月十日或十一日，他神秘地去世了。

在菲利普最初的死因被列為中風後，辛西婭要求在準備火化之前查看屍體。她被殯儀館主任勸阻，主任認為屍體的高度腐爛狀態會造成太大的心理創傷。然而，她總覺得有些不對勁。第二天，辛西婭聯繫了蘭迪・哈里斯（Randy Harris）偵探，後者說「出了點問題」，原因是菲利普的脖子上有些痕跡。菲利普・施奈德的屍體從殯儀館被移走，並由俄勒岡州摩特諾瑪縣（Multnomah County）波特蘭（Portland）法醫辦公室的法醫凱倫・岡森醫生（Dr. Karen Gunson）進行屍檢。屍檢顯示，她判定菲利普實際上是因為用一根（手術用的軟管，並非傳聞中的鋼琴線）橡膠軟管在脖子上纏了三圈，然後在前面打了半個結，自殺而死。她認為這個纏在菲利普脖子上的結堵住了流向頭部的血液，使其昏迷不醒，最後死了。曾擔任多年道西地區的州巡警工作——已故的加布・瓦爾迪茲，在查看屍檢報告後，也表示施奈德的死是自殺。

當菲利普在他的公寓裡被發現時，他的屍體處於一個不同尋常的位置。他的腳在床底下，頭部以一個不尋常的角度枕在輪椅上，身體的其餘部分放倒在地板上，雙手放在兩側。在輪椅附近的地板上發現了血跡，但輪椅上沒有發現血跡。菲利普的身上沒有明顯的傷口來說明血液的由來。由於最初認為菲利普死於自然原因，因此沒有採集血液樣本。從未發現過遺書。事實上，菲利普的老朋友馬克・魯芬納（Mark Rufener）說：「我在一九九六年一月六日和七日的周末見到了菲利普。我們打算在科羅拉多州購買土地。我們很興奮，因為他要聘請我幫助寫一本他所知道的關於ＵＦＯ和外星人及一個世界政府和黑預算的書。他沒有自殺，他是被謀殺的，但是看起來像是自殺。」

菲利普在世時，喜歡在俄勒岡州奧羅拉（Aurora）市的「76 Truck Stop」就餐。一位名叫唐娜（Donna）的女服務員記得當他們（註：應指菲利普的工作團隊或夥伴）談論他的工作時他停下來不說話。菲利普向她提到，已經有19次他們試圖阻止他說話。唐娜提到菲利普曾說：『如果他們說我是自殺的，你就會知道我被謀殺了。』[6]

菲利普說他曾參與一九七九年道西地下基地的戰鬥，又說他的失去兩指及胸部之傷與跟外星人的戰鬥有關，[7]這些說詞的是否為真很大程度上與說話者本身的信譽（credibility）有關，如果政府要否定他的說詞，首先就是要壓低（或摧毀）他的信譽。我個人對菲利普的各種說法無法證實，這部份要留待讀者自己去判斷。以下是一段來自民事情報通訊社（Civilian Intelligence News Service）前社長早川紀夫（Norio Hayakawa）引用菲利普・施耐德的前室友「克林頓」（G. Clinton）的回憶，其目的當然是針對菲爾的個人信譽。[8]

克林頓說：

「今天早上在無聊的狀態下，我決定抬頭看看是否能在谷歌上找到我以前認識的人的任何信息。想像一下，我驚訝地竟發現了在一九七七年至一九八〇年間，我非常了解菲利普・施奈德。我於一九七七年失業且缺錢，搬到俄勒岡州波特蘭市。我搬進了一個非常便宜的出租屋，我搬進來後不久，菲利普·施耐德就搬進來了。我很快就意識到他是個騙子。而且我還以為他有精神病。【有關】他缺掉的手指，『他告訴我，當他在俄勒岡州東部擔任巡線員時，他在一根電線桿子上發生了某種事故時丟失了它們（坦率地說，我不再記得細節了；事情已經過去將近40年了）。』【有關】他的胸部傷口，我帶他去了醫院。【事情原委如下：】

【在這件事之前的】一天，當我在公共休息室與其他房客交談時，菲爾穿著帶血的襯衫從樓梯上下來，說他被槍傷了。他很快就改變這個故事成為，不知何故他被一輛路過的汽車造成了胸口受傷，原因是他【的車】失去了一個雪釘，【該路過汽車壓過雪釘】它擊中了他的胸部，造成了傷口。當然，沒有人相信他，但當時肯定不是討論他的可信度的時候。於是我帶他去了醫院。不久之後，一位急診醫生走過來問我是否能影響菲爾。我說：『未必。』醫生說他們想讓他做心理評估，但沒有理由這樣做。我被要求嘗試說服菲爾自願提交心理評估同意書。想到這裡，我心裡有了懷疑，對醫生說：『你懷疑它是他自己造成的？』醫生說，是的。我確實和菲爾談過這一點，他當然拒絕了提交【同意書】。我真希望我能記得那是波特蘭的哪家醫院。不幸的是，我只是不記得了。但是它應該有記錄。這可能發生在77年末，更有可能是78年，甚至可能是79年年初。

當我與菲爾分開時，可能是在一九八〇年的某個時候，我非常堅定地認為菲爾受到了困擾，他可能對他自己而不是對他人構成危險（我應該在這裡指出，我在任何臨床方面都完全不合格說這些話。），菲利普·施耐德並不是一個可怕的人。他肯定在某種程度上是妄想。在一段短時間內他是我一個非常有缺陷的朋友。」

此外，這位前社長也認為施奈德從來沒有能力也不願意證明他自己的指控，例如展示道西基地的入口或他鑽探的隧道所在的位置。他重複了有關已經公布的地下基地的信息，及引用了其他研究人員已經編寫的「逐字逐句」的材料。[9]

讀者若根據以上說詞來評判菲利普信用時不妨考慮以下這點：所謂菲利普的前室友「克林頓」究竟是誰？是否只是個被創造出來的角色？是否能同時發佈一份具有法律意義的宣誓書？

總之，讀者不妨自行判斷，菲利普．施奈德的死亡是否因為自殺？他可能患有自殘、自殘的心理障礙、精神不穩定和妄想症，但並無憂鬱症，也沒有自殺的動機。此外，在菲利普死後，他的前妻辛西婭發現，放在菲利普公寓中其父的UFO飛過蘑菇雲的照片消失了。他的演講材料、未知的金屬、軍事照片以及他關於UFO的未書寫書稿的所有筆記也一起遺失了，但錢和其他貴重物品卻完好無損。

為何「他們」數次阻止菲利普「說話」？原因在於菲利普知道太多地下基地內灰人外星人的事情。新時代（New Age）作家亞歷克斯．克里斯托弗（Alex Christopher）在菲爾施耐德去世前不久採訪了他。她講述了施耐德在午餐時告訴她的一個故事。亞歷克斯表示：

「菲爾告訴我他在地下洞穴的戰鬥中，他們不小心闖入了一個灰人的巢穴。我記得很清楚的一件事是對灰人大眼睛的描述。他說，在與他們的戰鬥中，他殺死的其中一個，眼罩彈出，露出黃色蛇眼，瞳孔上下，宛如爬蟲類。他說他們用黑色鏡片覆蓋眼睛，因為他們的眼睛對光線非常敏感，除非它（指光線）是一種特殊的色調。他問我是否注意到現在所有的州際和城市路燈都變成了粉紅色？他說，如果沒有黑色鏡片，那粉紅色的色調是他們的眼睛可以適應的唯一光線。」

在「俄羅斯之聲」的一份報告中，有一個類似的故事可做為菲爾施耐德以上說法的旁證，這些外星人的眼睛都有一層保護蓋：

「有未經證實的報導稱，一九八九年八月十日，一架UFO在蘇聯Prohlandnyi市附近墜毀或被擊落。蘇聯軍用雷達跟踪了一艘不明飛行物，俄羅斯人試圖聯繫該飛行器但未成功。UFO被列為『敵對』。蘇聯防禦部門收到警報，MIG-25飛去尋找並識別不明飛行物。飛船的外部有明顯的損壞。救援隊穿著防護服，前往現場。有少量輻射，部分隊員受到影響。現場的一架直升機連接到飛行器上，不明飛行物被運送到莫茲多克空軍基地（Mozdok Air Base）。

俄羅斯人進入不明飛行物並發現了三具外星人屍體，其中兩具死了，一具勉強活著。一組醫生和其他醫務人員盡一切努力讓外星人活著，但失敗了。這三個生物都大約有三英尺半到四英尺高，穿著灰色外套。在外套下面，他們的皮膚是藍綠色的，帶有爬行動物的質地。他們沒有頭髮，黑色的大眼睛上蓋著一層保護蓋，網狀手指連接著他們修長的手臂。外星人屍體被保存在玻璃容器中，不明飛行物被帶到卡普斯汀亞爾（Kapustin Yar）。三位俄羅斯調查人員——安東・安法洛夫（Anton Anfalov）、萊努拉・阿齊佐娃（Lenura Azizova）和亞歷山大・莫索洛夫（Alexander Mosolov）首先報導了這一信息。」[10]

根據具有羅斯柴爾德血統的亞利桑那・懷爾德（Arizona Wilder）的說法，所有這一切都可以追溯到負責創造灰人外星人的十三個血統。懷爾德聲稱，在黑行動中，灰人被稱為網罟人（Zetas），實際上他們是在深層地下軍事基地（D.U.M.B.s）中創造出來的海豚和外星人的混合體。這些網罟人有能力與其他對象進行心靈層面交流的原因是，海豚因標量波（scalar waves）而具有這種心靈溝通能力。[11]

羅恩・魯梅爾（Ron Rummel）是菲利普・施奈德的最好朋友，兩人一直在各種主題上進行合作。魯梅爾是前空軍特工[12]和《外星人文摘》（Alien Digest）的出版商，警方於一九九三年八月六日認定羅恩用手槍朝自己嘴裡開槍自殺，其屍體在波特蘭的一個公園裡被發現，但菲利普認為其好友是遭謀殺，這個事件促使菲利普決定將其所知在兩年後向公眾公布。

以下出場的另一位與菲利普死亡日期相近、專注於外星人、軍事和準軍事綁架或惡意外星人綁架研究（Malevolent Alien Abduction Research，縮寫 MAAR）的不明飛行物研究員，她的命運較菲利普・施奈德也好不到哪裡。

身體健康，沒有任何類型的癌症遺傳病史的卡拉・特納（Karla Turner）在多次受威脅和騷擾以迫使她停止外星人綁架研究後，於一九九六年一月九日死於無法識別的癌症，她才48歲。從那時起，其他幾位參與UFO綁架調查的人也受到了威脅，隨後是極不尋常的、快速發生的癌症。無獨有偶，曾透露了自己的標題計劃「突襲」（Project Pounce）即是UFO回收部門的美國空軍上校史蒂夫・威爾遜（Steve Wilson）和醫學博士史蒂芬・格里爾（Steven Greer）的主要助手莎莉・阿達米亞克（Shari Adamiak），甚至於曾任MJ-12 Alphacom小組主席及總統和國家安全委員地外事務科學顧問的邁克爾・沃爾夫（Michael Wolf）博士也都可能因曝光地外資訊而死於癌症。（註：沃爾夫博士死於二〇〇〇年九月）

3.2 卡拉・特納的「謀殺」

特納博士的外星人綁架研究發表在3種平裝本中，在她可疑的過早死亡（謀殺？）後不久，她的出版公司受到恐嚇，停止印刷卡拉・特納關於邪惡灰人計劃令人難以忘懷的結論，以及它如何影響人類精英神秘主義者的新世界秩序。

特納博士研究的許多被綁架者都曾被外科醫生移除過外星人植入物。她的研究發現，被稱為灰人的外星人，來自澤塔網罟星系（網狀南部星座的一個雙星系統），他們自稱為「網罟人」，綁架人類並將他們帶到位於地下和海底的外星飛船和外星基地。一些被綁架者甚至報告說，他們不時被與外星人一起工作的美國軍事人員綁架。

卡拉因對外星人綁架的研究而在UFO社區廣受尊重。作為一名學者和專業教育家，她獲得了古英語研究領域的博士學位，並在德克薩斯州的大學任教十多年。但在一九八八年，她和她的丈夫及兒子經歷了一系列令人震驚的經歷和回憶，迫使他們認識到他們都是被綁架者。

卡拉的回應是放棄她的專業大學生涯，將全部注意力轉向綁架研究。她的第一本書《走進邊緣》（Into the Fringe）（Berkley Books, 1992）講述了她自己和家人的經歷。她的第二本書，《採取－在外星人－人類綁架議程中》（Taken-Inside the Alien-Human Abduction Agenda）（Kelt Works, 1994），描述了八名女性的綁架故事，她們的經歷包括「外星人」性侵人類，以及正面和負面因素，說明了極其複雜性質的綁架之謎。她最近的一本書《天使的偽裝》（Masquerade of Angels）（Kelt Works，一九九四年）是與通靈者泰德・賴斯（Ted Rice）合著的，講述了泰德一生與奇怪實體的相遇，這些實體的身份徘徊在天使和惡魔之間的陰影地帶。卡拉在一九九五年初生病時正在寫另一本書。（摘自ISCNI*Flash 1.21—一九九六年一月十六日）[13]

卡拉・特納博士的第一本書——《走進邊緣》描述了她和其他十幾個人（主要是家人和朋友）所經歷的一系列UFO接觸，重點關注一九八八年五月至一九八九年三月期間發生的事情。卡拉於一九四七年出生於阿肯色州，後來安家在德克薩斯州和阿肯色州羅蘭。她獲得北德克薩斯大學古英語研究博士學位，在私立中學任教兩年，並在大學擔任教員和講師十年。一九八八年，卡拉、她的家人以及一小群朋友和熟人發現他們正在經歷超自然現象。卡拉放棄了她的大學生涯，全職研究這種現象，她記錄了他們的經歷以及他們為了解發生在他們身上的事情所做的努力。

卡拉的故事並不新鮮。這是一本關於UFO綁架現象的教科書，從參與者而不是學術研究人員的角度講述該故事。在過去的幾十年裡，許多其他人也講述了類似的故事，這導致像物理學家加久道雄（Michio Kaku）這樣的科學家宣布應該進一步調查這種現象。除了清晰和引人入勝的風格之外，這本書的一大優勢在於它的大量角色（包括卡拉在內的20個人）以某種方式涉及卡拉的經歷。雖然他們中的大多數人都是化名，但他們與卡拉的關係很明確，沒有理由懷疑她的真實性。卡拉死後，她的丈夫真名埃爾頓（Elton）的凱西・特納（Casey Turner）也證實了卡拉的說法。

這個引人入勝的描述包括事實細節、催眠回歸會話的結果、夢和一些推測，包括據稱來自「外星人」的消息，對於研究人員而言，這使本書成為原始經驗數據的寶庫。卡拉嚴重依賴（但不完全是）其催眠治療師芭芭拉・巴托利克（Barbara Bartholic）進行的催眠回歸的結果。不幸的是，催眠是一個有問題的信息來源。儘管她至少在驗證以這種方式獲得的某些記憶的合法性方面做得非常出色。以下是卡拉的第一本書——《走進邊緣》的一些情節，書中充滿了她及家人與朋友的一些特殊UFO體驗：

一九八八年五月，卡拉的丈夫凱西在催眠回歸下取得了他的第一次突破時，卡拉接到了一個電話，這是卡拉的生活中發生了一些不尋常事情的第一個實際證據。卡拉拿起電話，她描述道，「聽到了我在電話中聽到的最不尋常的聲音。某人或某物用相當細弱、飄忽不定、急促的聲音對我說話，但我什麼也聽不懂。說話的聲音不像是機器發出的，但也完全不像是人聲。……話音戛然而止，只聽見微弱的靜音。這又持續了幾秒鐘，然後線路完全斷了。」在接受阿特．貝爾（Art Bell）採訪時，她將它描述為「金屬」和「昆蟲般」的聲音。從那以後，卡拉開始在夜間的房子裡聽到奇怪的聲音，包括顛簸、咔嗒聲和其他聲音。卡拉記得的一段聲音是「這是『Elohim』（或『eliomi』），你所要求的渴望。」卡拉從她聽到的內容中轉錄了這些話。

有人想知道卡拉聽到的詞是否是Elohim，這是一個古老的希伯來詞，意為「眾神」或「天使」，也與以諾書的「守望者」有關。根據維基百科，「它與在烏加里特（Ugaritic）語中發現的'l-h-m同源，在那裡它被用於迦南諸神的萬神殿，即「El的孩子們」」。瓦利博士推測，迦南人也崇拜的蘇美爾諸神可能與UFO現像有關。凱西還記得去年十二月看到一個金屬球盤旋在法院上方。卡拉還記得她在一九八〇年的一次經歷，當時她在後院的一棵樹下遇到了四個陰暗的生物。這些生物告訴卡拉，他們是她的祖先，她的身體裡承載著他們的智慧。這種體驗持續了大約40分鐘。

凱西還記得童年的經歷，他和他的父親在購物時被從車裡帶走，包括一些失憶的時間。卡拉開始相信她和她的團隊長期遭受多次綁架。八月，團隊成員，一位主修科學的學生——大衛．特雷恩（David

Trayne）的室友詹姆斯（James）回憶了他一生經歷的奇怪事件，包括房子裡的噪音；一個身著黑衣的瘦瘦無名男子；一個高大、毫無特色的生物會進入他的臥室並通過心靈感應與他交流。在這些時候，詹姆斯無法移動或說話。

然而，最近，詹姆斯開始遇到一個女人總是從相鄰的室內房間進入他的臥室，在此期間，詹姆斯會癱瘓，直到她離開。這位女士對詹姆斯談到更換他身體的某些部位。最近，她邀請詹姆斯一起加入她們。還有一次，三個籃球大小的光球從窗戶進來，在房間裡飛來飛去，然後消失在窗外。他聽到一個聲音在說：「聽她說，相信它，你還沒準備好。」詹姆斯在他們參加的 MUFON 講座中認出了這名女性。卡拉隨後發現她自己也是一名被綁架者。這意味著外星人可以採取任何人類形式，隨意「變形」。外星人的這一特徵在 UFO 文獻中得到了很好的證明。

詹姆斯還經歷了一段與天空中明亮的五彩光芒有關的時間失憶事件，它繞圓圈、盤旋並迅速加速消失在視野之外。這發生在去聖路易斯的旅行中，前面提到的女人告訴他在星期六晚上去。他試圖不去，但一種奇怪的衝動壓倒了他。天空中出現了三道璀璨的光芒，做著一連串錯綜複雜的動作，盤旋而上，又如先前的光芒一樣盤旋，散發出五彩斑斕的火花，然後離去。詹姆斯還經歷了可能是傳送（teleportation）的過程。

出去吃漢堡後，詹姆斯也經歷了大約兩個小時的時間失憶。當他「回到」自己的房子時，完全不記得發生了什麼，漢堡包和薯條冰冷，接著是更多的鬧劇活動，沙發和腳凳開始「跳來跳去」。他還記得醒來時站在他的室友——大衛．特雷恩的臥室裡，雙臂伸過頭頂呈 V 字形，狂笑不止。當他醒來時，他聽到自己大喊：「我做到了！我成功回來了！」

大衛的女朋友梅根（Megan）還記得她小時候的奇怪經歷，包括看到一隻灰色的猴子在窗戶上下擺動，她臥室牆上的幻燈片顯示宇宙飛船和月亮正在爆炸，以及一個巨大的灰色形狀物體飛過車庫。弗雷德（Fred）還記得一九七三年與兩個親戚一起看到不明飛行物，但在去年十月，他獨自在街上走了幾個小時後在床上醒來，他的背部佈滿瘀傷和划痕，不記得它們是如何產生的。從那時起，他就被反復出現的ＵＦＯ相關的噩夢和恐懼症折磨著。梅根還聽到房子裡有奇怪的聲音，詹姆斯臥室的門打開和關閉，前院沉重的腳步聲，似乎永遠不會通過的火車的聲音，還有貓頭鷹的叫聲。一九八八年六月，在參加了他們的第一次MUFON會議後，卡拉和凱西驚訝地發現他們的車在深夜回家的路上被一輛白色的美國模型車跟踪。這是第二次跟踪，也是第一次參加MUFON會議後的跟踪。第一次跟蹤的車輛是白色雪佛蘭。

一天晚上，卡拉被一種在凌晨3點左右出門的願望所壓倒，她與凱西及芭芭拉的客人與來自另一個州的顧問傑克李（Jack Lee）一起出門。傑克看到東方有一道白色的亮光。光芒再次閃爍，向北蜿蜒而行，然後停了下來，盤旋在空中。光開始變大，直到卡拉可以看到水平排成一排的白色、紅色和綠色的光。隨著光線變大，卡拉意識到物體正在接近。當她瞥見一排燈光下面有一個黑色的餅盤形物體時，她驚慌失措地跑進了房子。凱西還看到了餡餅盤物體和投射在飛船黑暗船身上的暗淡反射光，然後他也逃到了屋子裡面。

七月七日，卡拉醒來時聽到更多敲門聲和另一個聲音。第二天一早，她發現電視開著，但沒有聲音，左手腕內側有一組相距約一英寸的小刺傷，左下腹有三個實心的白色圓圈。這些圓圈排列成一個近乎完美的等邊三角形，每邊15毫米。這是卡拉在她身上發現的許多傷口中的第一個，許多傷口呈三角形。

卡拉的書中至少有26處提到三角形或三角形結構，包括她左上臂前臂上的一個實心紅色三角形；她膝蓋上有一塊大約半英寸長的紅色刮痕，下面三個較小的刮痕形成了一個三角形；排列成拱形的一組四個穿孔；四個穿孔組成一個小三角形，在三角形的頂點有第五個穿孔等等。這些痕跡總是很快癒合，沒有疼痛或不適。三角形的主題，包括三角形UFO、三角形結構和三角形身體標記，在UFO學中廣為人知，尤其是自一九九〇年代以來更是如此（參見 David B. Marler，“Triangular UFOs”，MUFON）。

卡拉認識到這些經歷與喧嘩鬼（poltergeist）現象有相似性。心理研究員約翰基爾（John Keel）注意到UFO和惡作劇者之間的重疊，通常與「精神」有關，字面意思是「嘈雜的鬼魂」，暗示了靈異或超自然現象與UFO之間的某種關係。大衛在此期間所說和所做的事情沒有記憶或能自我控制，其行為與巫毒教神靈和其他類似神靈的附體沒有什麼不同。一九八九年，卡拉小組的成員開始聽到呼喊他們名字的聲音並產生幻覺，包括在車道上看到兩個人消失了，還有一個如兔子或大老鼠那麼大的黑影，出現在他們的周邊視覺中但從未被發現實體，一個在她車裡的女人聽到一個男人喊「停下來」！

大約在同一時間，凌晨1點30分左右，卡拉的兄弟和他的兩個十幾歲的兒子在他們父母家附近的湖邊有一次新體驗，當時湖水在剎那間呈現完全靜止。當他們收拾行裝準備出發時，與卡拉的兄弟一起釣魚的男孩理查德（Richard）指著湖面上方處於低空的橙黃色亮光。該亮光似乎引導著其他幾個亮光，其間沒有發出任何聲音。幾天后，理查德在他的胸口發現了幾處V形划痕。他們中的其中一人承認他的臀部也有類似的划痕。一九九〇年一月，卡拉和凱西再次醒來時留下爪痕。

二月三日，卡拉在一九八七年凱西被綁架的同一山丘上觀看了一個明亮的發光球11分鐘。這個球體從西到東南低空行進，距離不到一英里，像浮在水上的軟木塞一樣上下浮動。卡拉還看到了從頭頂飛過的普通飛機。光源短暫地靠近了她，然後又回到了原來的軌跡。

下個星期六，詹姆斯的父母在鎮的邊緣看到了一艘沒有亮光的三角形飛船。他們說底部覆蓋著圓形設計。接下來的八月，卡拉和凱西看到另一道不穩定的光源在他們頭頂的天空中快速移動並急劇轉角。接下來的六月，他們的胳膊和腿上出現了更多的刺傷和瘀傷，一周後他們被響亮的咔嗒聲吵醒了有更多的痕跡，兩處瘀傷，

詹姆斯的母親在十一月二十九日經歷了一個小時的失蹤，凌晨3點她醒來時發現有人在拽她床單的頭尾。她多次大喊「噓」把入侵者嚇跑了，她睜開眼睛時看到了對方對自己身體做了一個陰暗的動作（註：可能是植入某種東西）。第二天她的腹部很痛，好像它被拉伸或膨脹了一樣。她還在脊椎底部發現了一個圓形標記，圓圈內有一個直線切口。

詹姆斯也有過幾次經歷，從一月三日開始，他醒來時有一種不可抗拒的衝動，想跑到街上，儘管他不知道為什麼。他還在脖子上發現了三個平行的划痕。最後，在一九九一年五月，詹姆斯報導說他聽到了混雜的聲音，它似乎警告即將發生的災難，其間世界的真正控制者將要公開暴露自己，確定不明飛行物的不可否認的現實。他被告知，人類即將面臨一場集體危機，這將要求我們證明自己值得繼續活下去。[14]

《走進邊緣》包含UFO體驗的許多標準特徵：天空中奇怪的亮光、巨大的三角形結構、非常緩慢地移動或懸停的能力，以及快速加速和急轉彎的能力。不明飛行物似乎對人類很感興趣；能夠理

解和回應人類意識，甚至是心靈感應；並在受害者以及他們的朋友和家人中引發奇怪的經歷，包括身體標記、時間失憶、可能的傳送和非理性的強迫行為，而這些ＵＦＯ經歷似乎都在家庭中發生。ＵＦＯ還與類似惡作劇的行為有關，包括奇怪的聲音、人聲、腳步聲、亮光和其他電子設備的打開或關閉等。約翰．基爾還指出，許多人在ＵＦＯ經歷之前都有類似惡作劇的現象。

與通靈板和其他通靈師的表現一樣，不明飛行物似乎喜歡傳達準宗教信息，並在許多主要宗教中佔有突出地位。外星人告訴卡拉，他們是她的祖先，他們正在激活編碼在物理力場中的潛在信息「口袋」。他們還警告人類生存迫在眉睫的威脅，包括即將挑戰人類生存的危機。

不幸的是，正如卡拉強調的那樣，外星人經常撒謊，混淆真相和謊言，並對未來做出錯誤的預測。例如，卡拉和她的團隊被告知外星人會公開暴露自己，證明不明飛行物的現實，但此事直到一九九三年並沒有發生（事實上，卡拉於一九九六年一月九日死於惡性乳腺癌）。因此，即使外星人確實存在，也不可能相信他們所說的任何事情。

《走進邊緣》向我們展示了一個複雜的場景，從純科學的角度來看，它需要解釋。關於該書的內容，人們實際上只能得出四種可能的結論：

(1) 該陳述是捏造的。
(2) 陳述是錯覺。
(3) 陳述是真實的，但有誤。
(4) 陳述真實。

除非我們的學術體係無可挽回地崩潰，否則我們必須假設一位博士學位畢業生和專業老師不會有動機去編造像《走進邊緣》這樣奇怪和粗俗的場景，卡拉和她的朋友們也不會精神錯亂或故意一搭一唱。人們不能忽視一些經歷的夢幻般的特徵，其中許多發生在夜間、睡眠期間或接近睡眠時（與其他綁架場景一樣），儘管這當然不能解釋為什麼十幾個人會自發地相互體驗在很長一段時間內持續出現的奇怪的夢、幻想和妄想，也不能解釋這種物理方面的現象。因此，人們必須接受卡拉和她的團隊發生了一些真實和不尋常的事情，而不必倚賴相關信息、夢境甚至催眠回歸。[15]

卡拉．特納和菲利普．施奈德於一九九六年一月因試圖揭露道西和人類綁架計劃而被「謀殺」，他們的死亡時間非常相近。

3.3 湯馬斯．卡斯特羅的神秘失蹤

一九八七年，一位名叫湯馬斯．卡斯特羅的告密者向 UFO 研究人員發布了20張黑白照片、錄影帶和一組論文，這些顯然是美國政府／外星聯合基地位於新墨西哥州道西附近的阿丘萊塔台地下方兩英里處的物理證據。這些被收集在《道西論文》（Dulce Papers）的資料提供了這個秘密地下設施運作的圖形證據，它們為保羅．本尼維茨關於地下基地活動的結論提供了有力的支持。

就在這相同的一九八七年，一位叫「安．韋斯特」（"Ann West"）的女人聲稱她已經繪製了道西基地大桶的初始圖片，且聲稱以前她從未聽說過 保羅．本尼維茨。塔爾．李維斯克（Tal Levesque）聲稱，韋斯特曾在 Facebook 上使用車莉．欣克爾（Cherry Hinkle）的不同名字。他並說她在聖達菲（Santa Fe）拜訪了他和他的妻子，還有托馬斯．埃德溫．卡斯特羅。韋斯特則聲稱她知道塔爾．李維斯克及認識托馬斯．埃德溫．卡斯特羅。安．韋斯特的真實身份一直未得到證實，她的突然出現並

不影響後文的敘述。

且說上文這位洩露大量資料的告密者自稱是道西地下設施的保安人員，他就是托馬斯・埃德溫・卡斯特羅，他一直在該設施工作，直到一九七九年他決定與他的雇主分道揚鑣為止。

一九六一年，卡斯特羅還是一名年輕的中士，駐紮在內華達州拉斯維加斯附近的內利斯空軍基地。他的工作是一名擁有絕密許可的軍事攝影師。後來他轉到西弗吉尼亞州，在那裡接受高級情報攝影培訓。他在一個未公開的地下設施內工作，由於他新任務的性質，他的安全通關權限升級為TS-IV。七年來他一直在空軍擔任攝影師，直到一九七一年他獲得了蘭德公司的安全技術員工作，因此他搬到了蘭德公司擁有主要設施的加利福尼亞州聖莫尼卡（Santa Monica），他的安全許可升級為ULTRA-3。……一九七七年，托馬斯被轉移到新墨西哥州的聖達菲（Santa Fe），在那裡他的工資顯著提高，他的安全許可再次升級……這次是ULTRA-7。他的新工作是擔任道西設施的照片安全專家，他的工作規範是維護、對齊和校準整個地下綜合體的視頻監控攝像機，並護送外星人訪客到達目的地。他在新墨西哥州聖達菲買了一棟房子，從周一到週五工作。他通過地下深處的地鐵穿梭系統上下班。

工作中湯馬斯使用小型相機為多層建築群內的區域拍攝了30多張黑白照片。他收集了文件並從控制中心取出了一個安全錄影帶，該錄影帶顯示了走廊、實驗室、外星人和美國政府人員的各種安全攝像機視圖，隨身攜帶著它。然後，先關閉100多個地面出口的其中之一的警報和攝像系統後，他帶著偷來的照片、視頻和文件從該出口離開了地下設施。之後他製作了五套副本，分別由五個靠得住的朋友保管，而「原件」則被隱藏起來。

此時，一名UFO研究員【猜測他是塔爾・李維斯克】正在新墨西哥州聖達菲市從事安保工作，並正在私下調查該地區的不明飛行物目擊、動物殘害、共濟會（Masonic）和威卡集團（Wicca Groups）。托馬斯與該研究員有一個共同的朋友【猜測是安·韋斯特】，這位朋友於一九七九年來到聖達菲拜訪研究員和托馬斯。這位訪客後來查看了從道西基地拍攝的照片、錄影帶和文件。地下設施的圖紙是根據該訪客所見內容製作的，後來在不明飛行物研究界作為「道西論文」傳播。

托馬斯的做法不久為他及家人帶來毀滅性的後果。他說他曾宣誓，無論他看到或聽到什麼，他都絕不能洩露任何信息。此外，他簽署了一份棄權書，聲明如果他被判犯有「叛國罪」，他願意放棄自己的生命。在道西基地，叛國罪是「在基地範圍之外，任何提及該設施日常運作細節的事情。」[16]

托馬斯離開基地之後準備躲起來。但是，當他去接他的妻子和年幼的兒子時，他發現等著他的是一輛麵包車和數名政府特工。他的妻子和孩子早被綁架了。他的行蹤曝光，顯然他被一位名叫洛馬斯（K. Lomas）的同事出賣了。特工想要拿回托馬斯從設施中偷走的東西，以交換他的妻子和兒子回來。但當他意識到他們將被用於生物實驗並且不會安然無恙地返回時，他決定讓自己消失。那是十多年前的事了。托馬斯是如何捲入所有這些秘密陰謀的情節即將於下文敘述。

托馬斯聲稱道西設施工廠有超過一萬八千個矮灰人，並且他看到了爬蟲類人形生物。《道西論文》則描述了基因實驗、人類-外星雜交的發展、通過先進計算機使用精神控制、將人類冷藏在裝滿液體的大桶中，甚至使用人體部件作為外星（ＥＴ）種族的營養來源等。托馬斯·卡斯特羅在訪談中對這一點曾詳細解釋道：「外星人使用牛血和來自被肢解動物（通常是牛）的部件做為配方食物來維持他們的生命，這種幾乎透明的混合物，帶有桃子泥的質地，幾乎是那種顏色。灰人試圖不在人類周圍「吃」，因為它的氣味對任何人來說都非常難聞。

此外，外星人並使用以上的配方於讓胚胎或灰人生長的大桶和人造子宮。血漿和羊水是他們生命中最重要的兩種配方成分。此外，一些植物的汁液可以讓他們存活數月。大多數植物本質上都是寄生的，但如果必須使用常規配方，也可以將紅葡萄和秋葵植物添加到配方中以保持他們的活力。」[17]

上文所稱的外星人包括：灰人工人種姓、蜥蜴爬蟲類（reptilians）工人種姓或更高階層的德科拉人領導種姓之一，以及受造物（the created beings）、複製人（replicants）、二型生物（type two being），或一種真正奇怪的（基因）混合物。他們可以在兩次餵食之間相隔數天甚至數週的時間。蜥蜴爬蟲類（即猛龍族）的工作種姓吃肉、昆蟲和種類繁多的植物，包括蔬菜和水果。他們更喜歡生的和非常新鮮的肉，但已經學會了享受一些熟肉，比如稀有牛排（注意，根據許多被綁架者的說法，爬行動物（即天龍族）不喜歡吃人肉。）[18]

外表看起來像人類的複製人會吃一些煮熟的蔬菜。他們依靠維生素和液體蛋白質來維持生計。這些工程生物（engineered beings）有一種特殊的飲食，這些食物是專為他們的飲食需要而創造的。該混合物包括幾種與血漿、羊水和寄生蟲材料混合的器官食物。這些獨特的「動物」偶爾也會喜歡綠色植物，通常是草或萵苣。被設計成戰士的工程生物則吃富含蛋白質的液體。[19]如果他們必須在地表世界吃飯，他們可以吃任何別人提供的東西，但他們會盡快吐出。他們的消化系統經常無法正確處理食物。

與灰人不同，爬行動物的工人種姓經常吃東西，通常在休息時攜帶或送食物。統治階級對他們的食物保密。他們創造了幾個飲食神話，當機會到來時，他們會仔細修飾。他們最喜歡的傳說之一是他們的祖先有能力在一個環境中吃掉整群鵝。他們很少在任何其他物種面前吃東西。他們仔細挑選食物，然後把飯菜帶到他們的住處。等到高層官員到了基地，才一起吃飯。他們享受與我們相同的食物，並且有人看到他們偷偷地咀嚼剛發現的蝸牛。

托馬斯・卡斯特羅在受訪中也提到，道西基地確實培育了轉基因生物（trans-genus beings），這些生物可能是特別培育的，可以為人類提供基因上可靠的器官。和……使用胎兒或胚胎材料，從中可以生長成人大小的器官和組織……。他進一步討論了處女生育，也稱為孤雌生殖（parthenogenesis）。孤雌生殖是用來培育二型生物的方法，世界上平均每160萬例新生兒中就有一個「處女分娩」，而在道西，這一比例正好相反。地表世界現在常見的變性手術始於道西基地，男人通過第四層洗腦技術，導致他「渴望成為女人」，而在第七層實驗室一時興起變成了女人，結局是那個可憐的男人「無論是願意還是不願意」都堅信他一直想做個女人。沒有人能說服他相信真相。道西的一切都被扭曲了。[20]

道西論文提供了可能的證據，證明人類被外星人種族用作實驗室動物，外星人直接與不同的美國政府機構和美國公司合作，在聯合基地中履行黑預算軍事合同。如果這些論文是真實的，那麼正在進行的實驗和項目涉及侵犯人權的行為，其規模甚至超過了人類近代歷史上最黑暗的篇章。

比較卡斯特羅版本和施耐德版本之間的一個重要區別是，施耐德沒有將地下基地稱為聯合設施。他將其描述為一個七級美國軍事設施，它「意外地」建在一個古老的ＥＴ基地之上。他相信他的工作只是簡單地擴展現有基地，而不是為了一個未公開的目的而攻擊ＥＴ種族。道西設施「意外」建在一個古老的ＥＴ基地上的可能性不大，這表明施耐德只是部分地了解了他的任務的真實性質以及較低層發生的事情。更有可能的情況是，施耐德不得不協助美國軍隊進入道西設施的最內層（即第7層級），該設施已被關閉，並且是爭端的真正原因所在。[21]

托馬斯・卡斯特羅聲稱在一九七九年末美國精英軍事人員、基地保安人員和常駐外星人之間發生軍事對抗（或稱為道西戰爭）後及在他退出道西設施之前，曾在該基地擔任高級安全官。自從他聲稱一九七九年末離開其道西雇主，隨後在一九八六年發布道西論文以來，卡斯特羅接受了一些採訪並與不明飛行物研究人員通信，然後最終從人生舞台完全消失。

托馬斯・卡斯特羅是一名勇者，在他決定做為一名舉報者的那一刻，他其實已經知道他未來可能面臨的報復。他在受訪時曾說：「在死刑的懲罰下，無論我看到或聽到什麼，我都不能洩露信息。此外，我簽署了一份棄權書，聲明如果我被判犯有叛國罪，我願意放棄我的生命。在道西基地，叛國罪是在基地範圍之外提及該設施日常運作細節的任何內容。」[22]

卡斯特羅從人生舞台完全消失已數十年，這期間沒有任何人曾嗅到或聽到其尚「生還」的因訊，故基本上可以認定他已經死亡。卡斯特羅因舉報道西密聞所受到的處罰不可謂不重，更可怕的是，其家人也連帶受波及，而這一切都是求償無門（換句話說，無法透過法律程序求償）。據邁克爾・薩拉博士的解析：[23]

如果此類披露危及國家安全，則不允許舉報人披露信息。這意味著，如果受僱於政府機構和／或公司從事具有國家安全影響的機密項目，則此類人員不會因公開披露機密信息而受到聯邦舉報人法令的保護。此外，如果政府／企業僱員簽署的合同允許對披露機密信息的人進行嚴厲處罰，那麼這些人基本上就放棄了他們的憲法權利，因為他們沒有法律追索權來防止施加最嚴厲的處罰。因此，如果員工目睹在機密項目運營中犯下的嚴重侵犯人權行為，如果他們選擇向公眾披露，則他們將不受法律保護。卡斯特羅顯然是以上這段話的最佳腳註。

根據布蘭頓在卡斯特羅失蹤前一年對後者進行問答式的採訪資料，湯馬斯・卡斯特羅出生於一九四一年四月二十二日的伊利諾州格倫埃林（Glen Ellyn），在回答問卷之際他的妻子凱茜（Cathy）和兒子埃里克（Eric）仍然下落不明。在他十幾歲的時候，他的父母死於車禍。卡斯特羅有一個兄弟，如果他還活著的話，他懷疑其兄弟尚被關在某個地方的地下基地內。他已經好幾年沒有其兄弟的消息了。又說，他最大的恐懼是普通民眾會忘記被困在卑鄙地方（按：指道西地下基地）的無辜人民，且會忽視每個月增加到那個地方的數百名兒童、婦女和男子。[24]

在脫離道西基地，及開始亡命之旅後，托馬斯．卡斯特羅住在國外數年，其住過的國家包括墨西哥與南美，在那裡他當過傭兵，在南美他與販毒集團作戰，最後他搬到哥斯達黎加，住到利蒙（Limon）的一棟小房子。這期間當有人向他發問問題時，他立即改變姓名。他在哥斯達黎加時加入《哥斯達黎加亞銀河聯盟》（Sub-Galactic League of Costa Rica），這個組織使用一個小型衛星天線、一台電視機和業餘無線電設備，與活躍在哥斯達黎加地區的一些善良外星人聯繫。托馬斯與那些外星人也有直接的聯繫。[25]

也許有人會好奇，在道西基地人類與外星人是如何進行語言溝通的？托馬斯在訪談中提到，優速（Eusshu）是在道西基地使用的通用語言。在他第一次轉移到道西後不久，他參加了優速速成班。任何計劃在該基地工作超過一周的人，學習此等基礎知識是明智的。否則，他需要等待護送人員才能四處走動。該基地的所有標誌均以普遍認可的符號語言書寫。優速邏輯清晰，易於學習。[26]

據報導，道西的多層設施有一個由基地安全人員控制的中央樞紐（HUB）。安全級別隨著一個級別（層）的下降而上升。托馬斯獲得了ULTRA-7許可。他知道七個子級別，但可能還有更多。據推測，大多數外星人在5、6和7層，外星人的住房在5層。

托馬斯聲稱在道西工廠有超過一萬八千名矮「灰人」，並且他看到了爬蟲類人形生物。一位同事（即塔爾）曾與一個6英尺高的天龍族爬蟲人面對面，它出現在該同事的房子裡。爬蟲人對牆上掛著的新墨西哥州和科羅拉多州的研究地圖表現出了興趣。地圖上滿是彩色圖釘和標記，它們被用來指示動物殘割地點、洞穴、UFO活動頻繁的位置、重複飛行路徑、綁架地點、古代遺跡和疑似外星人地下基地。

正是發生在道西的廣泛視頻監控為卡斯特羅提供了他需要了解的發生在基地的廣泛侵犯人權行為之鳥瞰信息，最終導致他離開基地和散布機密材料的結果。卡斯特羅的說法有兩個來源，第一個是《道西論文》本身，可能涉及從基地獲取的機密材料；其次，卡斯特羅與一些不明飛行物研究人員的訪談／通信。此後，卡斯特羅的大部分材料都在互聯網上流傳，並被編入了一本名為《道西戰爭》的書，該書是由一位使用布蘭頓這個名字的不明飛行物研究人員撰寫。[27]

正式確認卡斯特羅的就業、軍事和教育背景以及因此他作為舉報人的身份是不可能的。這可能是由於在涉及ET的機密項目中與公司和／或軍事／情報機構簽訂合同的平民的標準做法：正式刪除合同僱員的所有公共記錄作為安全預防措施，以防他們有意或無意地公開披露此類項目中發生的情況。邁克爾．沃爾夫博士就是一個著名的例子，你無法發現他的任何與其高級學位或政府／軍事／情報機構服務相關的記錄。[28]

話說，抵達道西基地後，托馬斯和其他幾位「新兵」參加了一個強制性會議，在會上他們聽到了以下的大謊言：

「……被用於基因實驗的對像是無可救藥的瘋子，而這項研究是為了醫學和人道目的。」

除此之外，會議中並有人告訴他們，所有問題都必須在「需要知道」的基礎上提出。簡報結束時警告與會人員，如果被抓到與任何「瘋子」交談或與當前任務沒有直接關係的其他人交談，則會受到嚴厲的懲罰。當局也禁止無故冒險走超出自己的工作區域邊界，最重要的是，不得向任何局外人討論外星人／美國聯合基地的存在。若然如此都會產生嚴重的、必要時甚至是致命的影響。

托馬斯按照上司的要求完成了他的工作。起初，他在基地遇到了真正的灰人和爬行動物，令人振奮，但很快地他就敏銳地意識到，一切都不是表面上的樣子。托馬斯慢慢地開始感覺到在一些人員和他之間存在著潛在的緊張局勢。偶爾他會走到拐角處，打斷同事之間的嚴肅討論，而且由於托馬斯是一名安全官，這些談話會變成短暫的低語，而這些交談的個人也會很快分開。

托馬斯工作的一個特殊部分是進入基地的各個區域，並在必要時調整安全監控攝像頭。這讓他有機會冒險去見證那些會令人難以置信的事情。後來他報告說看到了以下研究內容的實驗室：人類的靈氣能量場；星體或靈體的航行和操縱；超心理研究；高級精神控制分析與應用；人腦記憶識別、獲取和轉移；物質操縱；人類／外來胚胎克隆；通過使用能量／物質轉移（用來自神經網絡計算機存儲庫的個人記憶來完成工作）和用其他進步科學手段進行快速人體複製。

托馬斯偶爾會看到一些可怕的基因創造物，它們被安置在基地的不同部分。他知道，這些與精神疾病或健康研究沒有任何關係。托馬斯不想再看下去了。每次他發現這個地下迷宮的越多片斷，就越難以接受。然而，他好奇的心卻讓他一再去尋找真相，而不管自己有多恐懼。

一天，有一名員工走近托馬斯，將他領到側廳。在這裡，另外兩位紳士走近他，他們低聲說著最可怕的話……「被稱為智障的男人、女人和兒童實際上是被注入大量鎮靜劑的綁架受害者」。托馬斯警告這些人，如果他把他們交出去，他們可能會因言行給他們自己帶來大麻煩。這時，一名男子告訴托馬斯，他們都在觀察他，並注意到他對自己所目睹的事情也感到「不舒服」。他們知道托馬斯有良心，也知道他們有一個朋友。

他們是對的，托馬斯不久做出了一個危險的決定，在一個號稱「夢魘大廳」（Nightmare Hall）的區域與一個被關在籠子裡的人類悄悄交談。通過後者的藥物誘導狀態，托馬斯詢問了他的名字和家鄉。托馬斯在周末離開設施時，謹慎地調查了這個「瘋」人的說法。他通過搜索發現，這個人突然消失後在其家鄉被宣布失踪，留下了其飽受創傷的家人，很快，他發現數百甚至數千名男性、女性和兒童中的許多人實際上被列為失踪或無法解釋的失踪。托馬斯知道他的腦子進水了，他的幾個同事也知道。他唯一能做的，就是保持警惕，並且極其謹慎地思考。灰人外星人的心靈感應能力使他們能夠「閱讀」周圍人的思想，如果他表現出強烈的憤怒，他和他的新朋友就完了。

一九七八年，道西基地內部的緊張局勢極度加劇。幾名安全和實驗室技術人員開始破壞基因實驗。越來越脆弱的神經和偏執最終爆發成通常被稱為道西戰爭的軍事衝突。這是爬行動物和人類之間為控制道西基地而展開的一場真正的戰鬥。推動「大謊言」的是爬行動物而不是人類，他們堅持在實驗中使用人類，而那些沒有在實驗中倖存下來的人被用作液體蛋白質桶的材料「來源」，它「餵養」灰人胎兒胚胎以及生長完全的灰人，在以上兩種過程中它皆做為營養來源。最初的「道西戰爭」衝突始於第三層。沒有人能明確地確定它是如何開始的，但通過托馬斯的描述知道，它涉及配備著稱為「閃光槍」（Flash Guns）的光束武器基地安全部隊、攜帶機槍的美國軍事人員和灰人外星物種（它們是雙方互相對抗）。當煙霧散去時，六十八人已被殺死，二十二人完全蒸發，十九人通過隧道逃脫。七人被重新抓獲，十二人至今仍躲藏起來。

軍事衝突結束後托馬斯回到了自己的崗位，等待著不久後的逃亡計劃。但在一九七九年，工作給托馬斯帶來的巨大壓力終於讓他打破了沉默的守則。他通過一張紙條告訴他最好的朋友，他正在新墨西哥州道西郊外的一個地下大型裝置中工作。他還告訴他的朋友，他正在與認為自己是土生土長的灰人外星人並肩工作，並且倒置的黑色三角形之內帶著一個倒金色 T 是該項目的標誌。

托馬斯知道他必須離開這份工作才能安心，但現在他知道被綁架者被關在下面的真相，他想過上「正常」生活幾乎是不可能的，他會一直受到監視和威脅，直到他去世的那一天。他也意識到他可能無法活到老年善終，某些人很容易加速他的死亡。

在離開設施度過一個週末後，他決定重返工作崗位。這一次是通過一處戒備較不森嚴的通風井，在不事先通知的情況下通過秘密通道進入基地。一進屋，當他經過灰人身邊時他就顯得好像是在履行正常的職責，同時也掌控著每一個想法。在基地內的這段時間裡，他取下了加利福尼亞州州長羅納德·里根、其他幾個人和小灰人之間簽署的設施和條約的靜態照片，這些條約具有真實的簽名。

托馬斯還設法回收了一段7分鐘的黑白監視器畫面，內容包括基因實驗、關在籠子裡的人類、灰人，以及外星人裝置和復雜基因公式的示意圖。他認為，這些物品不僅是他在需要時在談判桌上獲得一席之地的機會，而且也是公眾需要了解的事情。

他復製了電影、照片和證件，打包了幾個「包裹」，並指示他明確信任的幾個不同的人將它們掩埋或隱藏，直到合適的時間才拿出來。

逃離基地後他通過某些消息來源得知他的妻子凱茜（Cathy）和兒子埃里克（Eric）被強行從家中

帶到一個秘密的地下設施進行「安全保管」，直到他決定帶著這些物品回來。此時，他知道，即使他真的把所有東西都還給了道西指揮官，他的妻子和兒子在被侵略性的精神控制操縱之後，可能再也不會和以前一樣了。他也知道他和他的家人很可能會因為一些悲慘的事故而永久失蹤。托馬斯沒有多餘的選擇，他很快就融入了孤獨的逃亡生活。從一個州到另一個州，從邊境到邊境，從汽車旅館到沙發。總是看著他的身後，盡最大的努力向前看……。[29]

托馬斯·卡斯特羅的事情至此暫告一段落，在本章的最後要特別介紹上文提到的「閃光槍」，這是一種來自外星人的手持武器，據卡斯特羅的介紹：

「它是一種先進的光束武器，可以在三個不同的階段運用。第一階段，如《星際迷航》，如果對方的心臟很弱它可以擊暈甚至殺死對方。在第二階段，無論重量如何，它都可以懸浮任何東西。第三階段是嚴肅的商業模式。它可以用來麻痺任何生命，動物、人類、外星人和植物。在相同模式的更高位置上，它可以造成暫時性死亡。任何醫生都會證明那個人已經死了，但他們的本質生命徘徊在某種奇怪的邊緣，某種可怕的非死亡狀態。在一到五個小時內，這個人會慢慢甦醒；首先，身體機能將開始運作，幾分鐘後，意識跟著恢復。在這種模式下，外星科學家重新編程人腦並植入虛假信息。當這個人醒來時，他會回憶起他通過生活經歷獲得的虛假信息。他沒有辦法了解真相。人類的大腦會記住並完全相信虛假數據。……。你問閃光槍是否難以操作。一個兩歲的孩子可以用一隻手使用它。它類似於帶有黑色玻璃錐形倒置透鏡的手電筒。側面是三個彎曲凹槽中的三個凹形旋鈕。每個旋鈕的尺寸不同。旋鈕離手越近，力度越小。就是這麼簡單。每個旋鈕也有三個強度，每個位置都有自動停止功能。最強的位置會蒸發任何有生命的東西。這種模式是如此強大，以至於它蒸發的東西不會留下任何痕跡。每個人都稱它為『閃光槍』，或者更常見的是『閃光』（The Flash）。在手冊中，它首先被介紹為 ARMORLUX 武器。之後，它被解釋為閃光槍。」[30]

做為道西基地的一名高級安全官，托馬斯・卡斯特羅當然也配備有一把閃光槍，他在參與道西戰鬥時尚使用著它，很多人必然會好奇，自從托馬斯離開基地後，這把槍的下落如何？下章對此問題將會做交待。此外，一些曾在道西基地工作或了解道西基地的公司前僱員，他們成為舉報人後其言論的一個反復出現的特徵是，一九七九年美國軍事人員與基地的 ＥＴ 之間發生了暴力衝突。一九七九年末發生在道西基地的一場衝突事故以及神秘的基地內情……

註解

1. Tara Macisaac, Epoch Times. Alien-Human Battle of 1979 in New Mexico: Alleged Eye-Witness Report. Looking back on the story of Phil Schneider April 7, 2014 Updated: May 8, 2016.
雖然菲利普自稱擁有「流紋岩38」的通關，但一位署名 Norio Hayakawa Follow 的前民事情報通訊社社長認為，流紋岩是 TRW 開發的絕密監視衛星系統，它在 SIGINT（信號情報）衛星中被提及。菲利普沒有參與這類工作，他不會有流紋岩許可。以上的否認之詞見 Norio Hayakawa Follow, former director of the Civilian Intelligence Network. Phil Schneider is a total fraud, Published on December 24, 2015.
https://www.linkedin.com/pulse/phil-schneider-his-mental-illness-ssi-norio-hayakawa
2. Dorsey III, Herbert G. Secret Science and The Secret Space Program. Hebert G. Dorset III Publishing,

2015, p.100

3. Timothy Green Beckley, Sean Casteel, Tim R. Swartz, Dulce Warriors: Aliens Battle for Earth's Domination. Inner Light/Global Communications (New Brunswick, NJ), 2021, p.133

4. Tara Macisaac, op. cit.

5. Branton, Chapter Thirteen, "The Strange Life and Death of Philip Schneider", in Branton (aka Bruce Alan Walton). The Dulce Wars: Underground Alien Bases & the Battle for Planet Earth. Inner Light/Global Communications, 1999, pp.133-140
Also see, in 1995: The Mysterious Life and Death of Philip Schneider. By Tim Swartz With assistance from Cynthia Drayer. Posted on December 28, 2012 by AuthorOrbman.
http://www.subterraneanbases.com/the-mysterious-life-and-death-of-philip-schneider/

6. Ibid.

7. 施耐德在一九九五年五月在愛達荷州的 後瀑布市（Post Falls）舉行的 MUFON 年會演講中說：「我被外星人的一個武器擊中了胸部，這是他們身體上的一個盒子，在我身上炸開了一個洞，給了我嚴重劑量的鈷輻射。我因此得了癌症」。但一位署名 Norio Hayakawa Follow（即早川紀夫）的民間調查人士認為，放射性鈷用於商業和醫療目的，接觸高濃度的鈷會導致肺和心臟效應以及皮炎。菲爾可能是通過接受深部癌症的放射治療而接觸到鈷的。見 Norio Hayakawa Follow, former director of the Civilian Intelligence Network. Phil Schneider is a total fraud, Published on December 24, 2015

https://www.linkedin.com/pulse/phil-schneider-his-mental-illness-ssi-norio-hayakawa

8. Ibid.

9. Ibid.

10. Phil Schneider Knew About Greys Aliens In Underground Bases And Was Murdered. Aug 07 2016 posted to Aliens & UFOs/
https://www.disclose.tv/phil-schneider-knew-about-greys-aliens-in-underground-bases-and-was-murdered-311896

11. Ibid.

12. 據署名 Norio Hayakawa Follow 的民事情報通訊網（Civilian Intelligence Network）前社長稱，羅恩・魯梅爾從未在空軍服役。
Norio Hayakawa Follow, 2015, op. cit.

13. https://www.zersetzung.org/about-dr-karla-turner

14. Alexander Duncan, What is the contribution of Dr. Karla Turner to alien abduction research? Updated Jun 15, 2018
https://www.quora.com/What-is-the-contribution-of-Dr-Karla-Turner-to-alien-abduction-research

15. Ibid.

16. Interview With Thomas Castello Dulce Security Guard by Bruce Walton, op. cit., pp.108-109

17. Bruce Walton (aka Branton), Interview With Thomas Castello – Dulce Security Guard. In Beekley,

Timothy Green, Christa Tilton, Sean Casteel, Jim McCampbell, Dr. Michael E. Salla, Leslie Gunter, Bruce Walton.

Underground Alien Bio Lab At Dulce: The Bennewitz UFO Papers. Global Communications (New Brunswick, NJ). 2009, p.120

18. Ibid., p.122
19. Ibid., pp.123-124
20. Ibid., p.125
21. Michael E. Salla，The Dulce Report: Investigating Alleged Human Rights Abuses at a Joint US Government-Extraterrestrial Base at Dulce, New Mexico.

    https://exopolitics.org/archived/Dulce-Report.htm

    Accessed 6/28/19
22. Chapter Eleven: A Dulce Base Security Officer Speaks Out. In Branton (aka Bruce Alan Walton). The Dulce Wars: Underground Alien Bases & the Battle for Planet Earth. Inner Light/Global Communications, 1999, p.104
23. Dr. Michael E. Salla, The Dulce Report, op. cit.
24. Bruce Walton (aka Branton), Interview With Thomas Castello – Dulce Security Guard. Op. cit., p.134
25. Ibid., pp.120-121
26. Interview With Thomas Castello Dulce Security Guard by Bruce Walton, op. cit., p.122

27. Dr. Michael E. Salla, The Dulce Report, op. cit.
28. Ibid.
29. John Rhodes, Probing Deeper into the Dulce 'Enigma'. http://www.reptoids.com/Vault/ArticleClassics/dulceTEChistory.htm
30. Bruce Walton (aka Branton), Interview With Thomas Castello – Dulce Security Guard. Op. cit., pp.113-114

第④章 道西基地的真實面貌(1)——掩人耳目的軍事基地

道西基地的一切都是謎，甚至連其是否存在也是謎，而這個謎底最終被一位自稱的前基地安全官托馬斯．卡斯特羅所打破。托馬斯雖簽有嚴格的保密協議，但他在長達數十頁的訪問稿中卻儘露基地玄機。他做了這些事情所付出的代價竟是如此慘重，除了他個人的「終生逃亡」，其妻兒也受到牽連，至今下落不明（據了解，他們被帶到道西基地進行生物實驗）。托馬斯是一位勇者，他有人道思想。他無懼，他確實是一位值得為他豎起大姆指的人物，本章及下章關於道西基地真實面貌的描述主要是基於他的透露。

4.1　一個奇怪的小鎮——道西

新墨西哥州面積十二．九平方哩的道西（Dulce）確實是一個奇怪的地方。它是一個安靜及人口約二千五百人（二〇二〇年）的小鎮，坐落在新墨西哥州北部科羅拉多州邊境以南吉卡里拉．阿帕奇（Jicarilla Apache）印第安人保留地（Jicarilla Apache Indian Reservation）的阿丘萊塔台地（Archuletta

Mesa），海拔六千七百英尺以上。

道西是由戈麥斯（Gomez）家族創立，最初是一家牧場的名稱。道西最初的名稱是阿瓜道西（Agua Dulce），西班牙語意為甜水，因為該地天然泉水的存在為人們及其動物提供了良好的飲用水。最初的基地是由何塞·歐金尼奧·戈麥斯（Jose Eugenio Gomez）於一八七七年創立。吉卡里拉·阿帕奇保留地成立於一八八七年，當時阿帕奇族人被迫進入保留地。戈麥斯牧場目前是由曼努埃爾·戈麥斯（Manuel Gomez）所有，但被保留地環繞。[1]

有一條平直的高速公路進入道西地區，寬36英尺。這是一條政府道路。（部分禁行道路穿過科羅拉多州烏特保護區（Ute Reservation）然後向南越過邊界）。路過的遊客有時只看到一條邋遢的狗懶洋洋地躺在土路旁，在鎮上看不到更多的生活。一些人聲稱，在進入城鎮後，帶有深色窗戶的黑色車輛尾隨他們，直到他們離開城市範圍。

研究員約翰·安德森（John Anderson）曾前往新墨西哥州的道西，看看報導的不明飛行物活動是否屬實。他說，當他到達鎮上時，他看到一輛大廠篷車和一輛麵包車改裝的麥克唐納—道格拉斯（McDonell-Douglas）迷你實驗室在鎮附近的鄉村公路上行駛。

他跟著他們來到一個有圍欄的大院，在那裡他靜待進一步的發展。突然，六艘不明飛行物迅速降落在大院上空，盤旋了足夠長的時間讓他拍了一張照片，然後又衝上天空，消失在視線之外。後來他在一家商店停下來，告訴店主他拍攝的不明飛行物照片，店主聽了後透露他自己是如何成為牛殘割的受害牧場主。

他們的談話被一個電話打斷了。店主讓約翰馬上離開，約翰走到他的車上後，就看到一輛神秘的麵包車開到了店裡，一個男人下車走進去。約翰決定離開道西，在他離開小鎮時，有兩名男子開著車跟著他。

甚至最近，一個研究小組已經前往阿丘萊塔台地進行地下探測。對這些探測的初步和暫定的電腦分析似乎表明台地下有很深的空洞。[2]

另一個見證來自一個駐紮在道西地表的非官方人員。他很快意識到周圍發生了一些非常「奇怪」的事情，但他花了一段時間才去注意它。以下是他的敘述：

去年9月的一個早晨，我正在做一份例行工作，這時另一個年輕的應徵者，一名機械師，帶著一份他想要立即焊接的緊急工作進來了。他拿到了印刷品，然後繼續向我展示他想要的東西。當我碰巧直視他的臉時，當時我們都在焊工面前的長凳上彎著腰。

他似乎突然被一層半透明的薄膜或雲層覆蓋。他的五官褪色，取而代之的是一個「東西」，眼睛凸出，沒有頭髮，皮膚上有鱗片。我站起來看了大約20秒。不管它是什麼，都站著看著我，一動不動。然後那張陌生的臉龐似乎消失了，同時退回到下方那張年輕人的普通臉龐。強加的面孔消散持續了大約五秒鐘，然後才完全消失，我虛弱地站在那裡，張著嘴盯著那個帶著緊急命令進來的年輕人。

當我觀察到這一切時，那個年輕的「男人」似乎並沒有意識到已經過去的時間，而是繼續談論工作，好像什麼都沒發生過一樣。這很難接受，但我向你保證，這對我來說仍然更難。在他們親身經歷之前，沒有人會意識到看到這樣的事情會讓人多麼感到震驚。幾天後，我才讓自己相信，也許我所看到的一切都是真實的，我並沒有遭受幻覺和開始精神錯亂。幾天過去了，我再次看到這種特殊現象。

下一次是深夜，發生在前門附近的警衛室，當時碰巧我要去上班。我買了一些小東西，到達後我拿著我的單子繞到警衛室取回我的包裹。只有一名警衛值班。我把清單遞給他，他開始慢慢查看包裹。我等了一會，又碰巧直視著他。他的臉色開始變了。又是一張陌生生物的臉。你可以詳視這強加的臉幾秒鐘，然後它固化成唯一可見的東西，並且持續大約20秒。再次消散持續了五秒鐘，守衛再次開始正常移動，找到我的包裹並嚴肅地遞給我，我一句話也沒說就走了。[3]

以下是吉卡里拉（Jicarilla）部落警察的見證。二〇一〇年五月，通過 MUFON CMS 收到該報告，內容是該警察回憶起他在新墨西哥州道西的一次外星人遭遇：

80年代中期的新墨西哥州道西：我自己是一名吉卡里拉．阿帕奇警察部門的執法人員，我的背景學系是銀城（Silver City）西新墨西哥大學的警察科學／法醫學。

午夜時分我與另一名軍官和調度員一起去執行凌晨的工作班次。在被告知有一個小生物在一個單身女性房子的床腳下，且有一個盒子向她發射了一個像紅光一樣的雷射後，我立即與另一班人員一起去了她家。其他警官則認為無需進一步調查，它只是想尋你開心。

她顯然被嚇到了，我沒有注意到她的家內有一些電氣設備故障。她的動物，狗和馬也感到不安。整個晚上我都在繼續注意她，有一次一大早我被叫到她家，她的房子很黑，當我進入時，我能聽到她在走廊裡呼救。

我再次被告知她家裡有帶亮光的訪客，那裡似乎異常安靜。在她家裡或該地區找不到任何人。清晨，當太陽升起時，我開車到她家進行檢查，我注意到大約15碼外她家以西的灌木和樹木內有一些異動。

我仍然不明白我可能看到了什麼，但不久之後，當我走出我的單位時，三艘橢圓形飛行器呈三角方向去了。

形組合型態，它們大約有三間臥室的大小，從一些杜松樹後面升起，距離只有30碼。大多數在起飛時默默無噪音，然後打出一道明亮的白光，並緩緩地以緩升的姿態向東朝新墨西哥州查馬（Chama）的方向去了。

另一位官員和調度員也見證了這一點。不久之後，我從查馬的國家警察頻率聽到了關於那些被召喚到他們身邊的不明飛行物的事情。作為一位幫助那些尋求協助的警官，我覺得完全無助。我無法在她需要的時候協助和保護她。今天仍然困擾著我。[4]

道西的政府活動可能不再存在，因為有跡象表明上層已被停用，至少在人類政府活動方面是如此。早在一九九〇年代初，吉卡里拉．阿帕奇印第安人就報告了在阿丘萊塔台地頂部目擊灰人的情況。克里斯塔．蒂爾頓（Christa Tilton）提供了信息，它暗示即使道西的「政府」活動已經停止，灰人或蜥蜴類雙足動物（Reptiloids）顯然仍然在那里大量活動，並且在基地內非常活躍，這些外星人並繼續他們以前的計畫。

內政部的重力部門曾對美國進行勘測並發布顯示重力等值線的地圖。道西附近的場地有一個非常弱的重力。此外，科羅拉多州克里德（Creede,）附近還存在另一個非常弱的重力讀數，據報導它是道西設施的北部延伸。也有遠至新墨西哥州的羅斯威爾和卡爾斯巴德（Carlsbad）的東南延伸，還有一個明顯的西南延伸，似乎遠至亞利桑那州鳳凰城以東的迷信山（Superstition Mts.）。[5]

這些「延伸」不一定都是複合體基地，而是由外星人、秘密政府或古代文明（或以上所有）通過核鑽探挖掘出來的隧道，這些核鑽探通過熔化和開裂岩石來消除廢物，並隨著機器推動熔岩向前移動，促使它進入隧道的外圍裂縫，熾熱的熔岩在此處冷卻成超硬的玻璃和防水襯裡。

眾所周知，外星飛船對重力水平非常敏感，其他外星人地點也可能位於相對低重力的位置。

道西地區的居民報告說，道西湖周圍的某段道路曾發生多起事故。據說司機報告說他們看到一條筆直的路，而其實這條路是彎曲的。當地吉卡里拉．阿帕奇部落的長老報告說，當他們走過這個區域時，他們也有類似的視覺問題。他們中的一些人甚至因此掉進了湖裡。

這些長老們避免討論動物殘割。一個有趣的事實是，吉卡里拉印第安人的創世神話說他們是從地下出現的。這會是一個包含時空扭曲的區域嗎？據報導，類似的區域位於加利福尼亞州萊克波特（Lakeport）和霍普蘭（Hopeland）之間的中點以南。在這兩者之間已經檢測到了主要的時空扭曲。該地區的許多居民也在神秘的情況下死亡，有報導稱該地區古代洞穴和隧道有「樓梯」向下，包括政府車輛在內的幾輛汽車過去在那段道路上消失了，拍攝到的準實體（quasi-physical）生物照片，來自「無處」的奇怪聲音，消失在懸崖上的大型黑色汽車（可能是由黑衣人駕駛？），以及夜間跟踪該地區的奇怪生物。

時空扭曲涉及某些領域，例如，一個「看起來」在100英尺外的物體可能會變成一英里，反之亦然。其他報告時空扭曲的地區包括亞利桑那州的塞多納（Sedona）；阿肯色州和密蘇里州之間的中點；安大略湖、沙斯塔山（Mt. Shasta）和加利福尼亞的莫哈韋（Mojave）沙漠中或周圍的地區；長島蒙托克（Montauk）；當然還有「百慕達三角」地區，以上僅略舉幾例。

最近對阿丘萊塔台地附近地區的實地調查證明是困難的。研究人員遇到了幾個小的懸停球體，這些球體有某種電子發射，使他們都病倒了。

新墨西哥州道西地區的活動幾乎與一九四七年羅斯威爾墜機事件同時開始。對道西地區的研究證實，在一九四七年之後的相當長一段時間內，每年都會發生夏季部隊調動。通往該地區的道路施工完成後，卡車進出城鎮。後來，這條路被「軍隊」神秘地封鎖並摧毀。[6]

道西周圍地區有大量的動物殘害報導。據傳政府和外星人將這些動物用於環境測試、對人的心理戰等。出於基因研究、營養和其他原因，外星人還需要大量有機材料。

在「外星人和不明飛行物，他們需要我們，我們不需要他們」這本書中，作者維吉爾「波斯蒂」阿姆斯特朗（Virgil "Posty" Armstrong）報告了他的朋友鮑勃（Bob）和莎朗（Sharon）在道西住了一晚，黃昏出去吃晚飯時，他們無意中聽到一些當地居民公開談論外星人綁架市民以進行實驗的話題。這些話題包括：外星人從道西的普通民眾中篩選出不情願的人類，並在他們的頭部和身體中植入裝置。市民們既害怕又憤怒，但覺得他們沒有任何辦法，因為外星人得到了我們政府的了解和批准。

一些特工被安置在可疑的位置，比如在加油站、藥店、酒吧、餐館等工作。他們在那裡傾聽和報告任何違反他們安全限制的事情。在道西鎮你永遠不知道誰是誰。

此外，其他幾個希望保持匿名的消息來源報告了他們於一九六〇年代在「犁頭」（Plowshare）行動的工作中的奇怪之處。該項目打著和平時期使用原子彈的幌子，在「天然氣勘探」的保護傘下展開行動。事實上，這些數以千噸級的爆炸其中的一些被用來開發巨大地下坑室設施。

一九六〇年代初期的「犁頭」行動略說明如下：當時在新墨西哥州道西西南約30英里處發生了一次地下核爆炸，地點就在US 64號公路附近。這次核爆炸是在犁頭項目的保護傘下進行的，並被命名為瓦斯巴吉（Gassbuggy）。最近有人聲稱，這種特殊的地下核爆炸被用來產生一個挖空的溜槽或通風井，用於開發一個附屬於地下黑項目基地的超級秘密隧道系統。該項目是在和平時期使用原子彈的幌子下創建的，並在天然氣勘探的保護傘下向前推進。事實上，這些數以千噸級的爆炸中的一些被用作開發巨大地下坑室的快速方法。據報導，清潔輻射的技術已經可用並已用於此類項目，其目的就是建造一個巨大的地下設施——道西基地。

道西設施是一個七層級（level）的地下研究基地，由能源部（內華達試驗場也是如此）運營，並與洛斯阿拉莫斯實驗室相連。每個層級都有用於短途運輸的彩色電動汽車。托馬斯透露洛斯阿拉莫斯（Los Alamos）和道西基因實驗負責人是拉里・迪文（Larry Deaven）。

據前軍事地質工程師菲力普・施耐德的說詞，道西基地的平均深度超過一英里，而且基本上它是整座地下城市的規模，其大小在二・六六到四・二五立方英里之間。當局有雷射鑽孔機，可以在一天內鑽出一條7英里長的隧道。[7]

一位消息人士表示，在道西下方數百英尺處有一個房間，它是設施第一層的一部分。這種腳下即設施的說法可以解釋為什麼該設施通常被描述為道西基地。顯然，即使擁有高度安全的許可，托馬斯・卡斯特羅也只熟悉位於該地區地下的整個大型綜合體的一部分。無論那裡發生了多少活動，不同的消息來源似乎表明，儘管外星人活動的核心已經擴展到洛斯阿拉莫斯，但道西仍然位於外星人活動的主要十字路口、匯合點或交叉區域。

洛斯阿拉莫斯及位在其東部和東南部的聖達菲（Santa Fe）國家森林及其周圍山區似乎是北美爬行動物與灰人勢力的主要巢穴，而在道西和51區之間的地下網絡中也散佈著大量的巢穴。道西似乎是地外（即外星）和地下爬行動物活動的主要通過點，地表操作的中央滲透區，以及綁架-植入-切割程序的操作基地，它也是地下穿梭終點站的主要匯合點及UFO出入港口等（布蘭頓註）。[8]

以上所謂「UFO出入港口」指的是，常被當地印弟安人見到的在阿丘萊塔山（Mount Archuleta）進出的航天器。據道西基地前安全官托馬斯．卡斯特羅，阿丘萊塔台地是一個小區域，這些離開該台地的航天器存放在五個區域。一個是道西的東南部，一個在杜蘭戈公司（Durango Co.）附近，一個在新墨西哥州的陶斯（Taos），主要機隊則存放在洛斯阿拉莫斯。[9]

據托馬斯稱，這座特殊的地下城市是一個高度機密的基地，由人類以及爬行動物外星人和他們的工人（即常見的灰人）組成。顯然，正是在這裡進行了大量的實驗項目，它們主要是對被綁架的男人、女人和兒童進行基因實驗。

道西基地還有無數其他專業科學項目，包括但不限於：原子操作、克隆、人類超自然現象研究、高級精神控制應用、動物與人類雜交、視覺和音頻竊聽等等，而這一切機密若非基地內一位背叛的安保人員透露，它並不會外洩。有人也許會問，基地內尚有許多人類工人，為何他們或至少他們之一不會成為洩密者？前基地安全官托馬斯．．卡斯特羅在訪談時說，植入物、害怕傷害家庭的威脅、電磁波（EM）控制及用ELF〔極低頻〕和藥物控制等都是「鼓勵」工人不要洩露位置或日常生活的最常見方法。[10]

道西基地既如此神秘，迄今仍有人不相信它存在的原因是：沒有人能確實證實其地表出入口在哪？（因為除了道西基地前安全官湯馬斯．卡斯特羅外，沒有人能在活著狀態下公開指出基地的出入口，而不幸的是，湯馬斯並未明確指出他最後賴以出逃的出入口。本書雖然指出幾個基地的出入口，但僅屬可疑出入口）雖然如此，與基地活動相關的地表不尋常設施總有些蜘絲馬跡可尋，下文將提到的雷丁戰爭牧場（Redding War Ranch）就可能是其中之一。

4.2 廢棄的雷丁戰爭牧場

位於道西西北部，毗鄰阿丘萊塔山北坡的廢棄雷丁戰爭牧場，曾是CIA的一個行動單位？許多研究人員都知道，現已解散的國家探索科學研究所（National Institute For Discovery Sciences，簡稱NIDS，它以前是由目前擁有畢格羅航空航天公司（Bigelow Aerospace）的拉斯維加斯億萬富翁羅伯特．畢格羅（Robert Bigelow）領導）據報導早些時候（約一九九八年）曾對這個可疑的牧場進行了調查，但似乎仍然沒有得到答案。

這個牧場現在完全被遺棄（但仍然禁止任何人進入），它經常被認為是所謂的道西「基地」的一部分，儘管到目前為止沒有明確證據表明曾經存在過一個大型地下基地。據傳，這樣一個所謂的「基地」位於新墨西哥州一側的阿丘萊塔山（Mount Archuleta）的北坡，就在雷丁牧場的南邊。從道西看不到這個牧場。事實上，從道西甚至看不到阿丘萊塔山本身。阿丘萊塔山靠近阿丘萊塔台地的西北部。從道西，只能看到阿丘萊塔台地和阿丘萊塔峰（Archuleta "Peak"）（無線電塔所在的地方）。

NIDS就這個牧場所做的以下報告本身似乎是可疑的，即使是現在。下文引用，來自原始NIDS報告：

據媒體和互聯網報導，雷丁戰爭牧場位於北緯37°2.91『和西經107°1.44』（GPS），毗鄰阿丘萊塔山（橫跨新墨西哥州—科羅拉多州邊界），是傳聞與阿丘萊塔山有關的從事秘密活動的臥底設施。這些謠言進一步表明，該牧場有八座武裝警衛瞭望塔（偽裝成狩獵站？）散佈在整個土地上。

雷丁牧場目前似乎已遭廢棄，但這並不表示任何人可以隨時參訪它。早從一九六〇年代初到一九八〇年代後期，任何人即不能擅闖雷丁牧場。牧場所有的結構，包括工房的塔樓、門窗，都是用非常重的鋼製成的（使它們防彈？）。雷丁牧場目前歸南尤特部落（Southern Ute tribe）所有，該部落於二〇〇五年八月十六日從W.A.雷丁手中購買。雷丁於二〇〇九年在德克薩斯州去世。雷丁於一九七六年收購了該物業。雷丁牧場正南的土地並未指明以前的所有者。關鍵是美國政府在一九六五年之前擁有所有財產，而不是林務局（Forest Service）或土地管理局（Bureau of Land Management）擁有。[11]

從阿爾伯克基（Albuquerque）開車到新墨西哥的道西需要三個小時。然後如何從道西到達道西基地（至少到達科羅拉多一側靠近道西西北方的阿丘萊塔山北坡的可疑牧場的入口處，該牧場被疑是前中央情報局行動據點之一，它也被懷疑與道西基地有關聯）：[12]

- 從新墨西哥州的道西出發，沿64號高速公路向東行駛至蘭伯頓（Lumberton）鎮。
- 從蘭伯頓出發，沿縣道（357公路）向北行駛。
- 進入科羅拉多州州界線。
- 繼續沿357縣道行駛。
- 在縣道上〔從Edith〕轉向西行駛進359公路（又稱郊狼公園路〔Coyote Park Rd.〕）。
- 然後向西行駛進縣道542（又稱蒙特祖瑪路〔Montezuma Rd.〕）
- 繼續行駛約8英里。
- 尋找左側的雷丁牧場大門。
- 從縣道542朝南（向左）轉向偉大精神路（Great Spirit Rd.）。

・向前（朝南）看。
・你會看到「守衛塔」。
・阿丘萊塔峰（Archuleta Peak）位於該地區的南部（即位於牧場的東南角）。
・如果你想進入雷丁牧場，風險自負。
・該處所可能有人看守，也可能沒有人看守。
・這整個區域歸烏特斯（Utes）部落所有。
・如果你還活著，繼續沿著偉大精神路一路向南，向新墨西哥一側前進。
・你將開始攀登阿丘萊塔山的北坡。
・如果你還活著，運氣好的話，說不定還能在某個地方找到一個隱藏的入口……
・但話說回來，那裡可能什麼都沒有。

以上的雷丁牧場周遭路線手繪圖見。[13]

4.3 軍工綜合體的地下設施布局

道西基地是一處秘密的深層地下基地（Deep Underground Military Base，簡稱 DUMB），據稱距離吉卡里拉·阿帕奇保護區附近的阿丘萊塔台地不到一哩，而位於新墨西哥州道西附近的科羅拉多州——新墨西哥州邊境。基地位於道西西北1/2英里處，位於台地之上，幾乎可以俯瞰小鎮。據稱，道西基地的第1層位於道西下方，深度約為200至300英尺。它是世界上第一個美國政府與外星人的生物遺傳學聯合實驗室所在，並在國家安全局（NSA）和中央情報局（CIA）的控制下得到高度保密。

道西基地表面上是由「董事會」運營。據稱，它的前任管理者是羅納德・雷根（Ronald Reagan）總統所任命的董事會主席共和黨黨員約翰・赫林頓（John S. Herrington）。美國情報部門與道西的聯繫透過國務卿詹姆斯・貝克（James Baker）。眾議院議長民主黨黨員吉姆・賴特（Jim Wright）擔任道西的財務官。「道西董事會」會議經常在科羅拉多州丹佛和新墨西哥州陶斯（Taos）舉行。應該注意的是，儘管道西設施表面上有這樣一個管理機構，但它可能並不完全了解第5級及其以下的機密操作。[14]

道西和新墨西哥州北部地下有一千七百英里的鋪砌道路，通往洛斯阿拉莫斯的還有800英里的隧道。道西設施至今仍在向西擴增。[15]該設施是一座龐大的「遺傳學實驗室」，它通過「穿梭管」（Tube-Shuttle）連接到新墨西哥州的洛斯阿拉莫斯與達蒂爾（Datil）。實驗室研究的一部分是與輻射的一般效應（突變和人類遺傳學）有關，其研究還包括其他「智能物種」（外星生物生命形式「實體」）。[16]

道西綜合設施是美國政府與外星人的聯合基地。它是第一個美國與外星人共同建造的地下綜合體，其他設施位在科羅拉多州、內華達州與亞利桑那州。據已去世的前海軍情報官員比爾・庫珀（Bill Cooper）說，外星人基地主要存在於猶他州、科羅拉多州、新墨西哥州和亞利桑那州的四個角落地區。至少有六個基地，所有這些基地都位於剛剛提到的州的印第安人保留區。

以上這些軍事工業綜合體的地下設施之形成並非一日可就，美國軍方在事前的研發做足了功夫。

據說道西基地於一九三七—三八年由陸軍工程兵團開始拓工，多年來不斷擴大。保羅・本尼維茨（Paul Bennewitz）報告了他對道西地區的研究：「從一九四七年開始，每年夏天都有軍隊進出那裡。

當地人確實記得這一點。他們還在道西居民面前修建了一條道路，卡車進進出出很長一段時間，那條路後來被封鎖和摧毀。卡車上的標誌是「史密斯公司」（Smith Corp.），位於科羅拉多州帕拉戈薩・斯普林斯（Paragosa Springs）。現在該公司已不存在，且無法找到它存在的記錄……我相信基地——至少第一個基地是在一個伐木項目的掩護下建造的……問題是他們從來沒有拖過原木，只有大型設備……」[17]

蘭德公司（Rand Corp.）參與其中並為基地進行了一項研究。道西附近的大部分湖泊都是政府為印第安人撥款所建造的人造湖。

一九五九年的蘭德研討會有超過650名與會者參加，他們大多數是工業國家的企業代表，例如：通用電氣公司、美國電話電報公司（AT&T）、休斯飛機公司（Hughes Aircraft），諾斯羅普公司，桑迪亞公司（Sandia Corp.），史坦福研究所（Stanford Research Institute），沃爾希建築公司（Walsh Construction Company），貝泰公司（The Bechtel Corp.），科羅拉多礦業學校（Colorado School of Mines）等。

貝泰是一個超級秘密的國際企業章魚，成立於一八九八年。有人說該公司實際上是一個「影子政府」的分支，或甚至於是一個中央情報局的工作部門。它是美國和世界最大的建築和工程裝備公司，美國政府最重要的職位多由前貝泰官員擔任。它們是「網絡」（The Web）的一部分（一個互連的控制系統），將以下的三邊主義計劃聯繫起來，它們是外交關係委員會（C.F.R.）、光明會（全視之眼崇拜（Cult of the All-Seeing Eye））和其他相互關聯的團體等三者。[18]

道西基地有7個層級（levels），其中上層由人類控制，下層由灰人和爬蟲人控制，每個層級僅下降一層樓，級別越大代表地下層次越深。根據愛德華茲協議（Edwards Agreement），軍方建立了多處包含人類與外星人（主要是爬蟲人）的混合基地，其中大部分人都住在基地的地下設施，道西基地只是其中一處地下基地。在一九七五年至一九七六年間美國中西部發生的關於牛殘割（cattle mutilations）的一系列報導，使得人們開始關注道西基地的一些不尋常活動。

第一層距離地表200英尺。除了第六和第七層外，其餘每層有七英尺的天花板厚度，六和七兩層其天花板有45和60英尺厚。每層之間大約有45英尺或更多的間隔。高速公路的平均天花板厚度是二十五英尺。基地的樞紐（HUB）寬三千英尺，可使用7.5微型比例尺的地圖來嘗試理解該地點的大小。[19]

從洛斯阿拉莫斯內部的地面可以觀察到地下隧道的常規車輛出口。空中出口可以從以下觀察到：道西以北20英里處有一個大型機庫，隱藏在懸崖立面上。在台地頂部可尋找一條孤立的短路，但沒有通往或來自頂部的道路。通風井則被洞穴內的灌木或通風口隱藏。台地頂部有五個通風井，大多數通風口內都有攝像頭。[20]

監視用的安全傳感器的種類很多，有雷達、紅外線、熱傳感器、微波、衛星等。大多數傳感器都由磁力供電。你可能會在地表面上看到的唯一東西是偶爾出現的衛星天線。

4.4 道西設施的起源與內部結構分析

以下關於道西設施的描述主要是根據布蘭頓對托馬斯・卡斯特羅的問卷式訪談記錄，[21]如果其中有來自其他資料，會再特別加註。關於托馬斯提供的說詞是否可信？很多人也許都問過這個同樣問題。他說他無法進行巡迴演講，以一對一的方式向每個人解釋。但他能做的就是再次聲明，道西基地是一個秘密設施。基地內外安全當局努力工作以確保沒有人能找到這個地方。如果每個人都能輕易找到它，那它就不是秘密設施了。他已經解釋了他們使用的極端安全方法，還有其他證據可用。在五個不同地點的五個不同盒子裡有五套副本，裡面有他試圖解釋的一切的完整證據。[22]

道西設施的起源最初是由大自然產生了洞穴。德拉科（Draco——爬蟲類人形生物）幾個世紀以來一直使用該洞穴和隧道。後來，通過蘭德公司的計劃，它被反覆放大。最初的洞穴包括冰洞和硫礦泉，「外星人」發現它們非常適合他們的需求。道西洞穴的大小可與世界最大的卡爾斯巴德（Carlsbad）洞穴相媲美。

根據一些在道西實驗室工作過的人；被帶到基地的被綁架者；協助建設的人；情報人員（美國國家安全局、中央情報局等）和一些特定的地球內部不明飛行物研究人員的調查：幾個世紀前，地表人，有人說是光明會，與隱藏在地球內的「外星國家」簽訂了一項協議。一九三三年，美國政府同意交易動物和人類以換取高科技知識，並允許他們在美國西部使用不受干擾的地下基地。美國政府因此成立了一個特殊的小組來處理外星人的問題。在一九四〇年代，里格爾人（或稱「外星生命形式」（ALF））開始將他們的行動重點從中美洲和南美洲轉移到美國。

這些特定的外星人認為自己是土著人族。實則他們是一個古老的種族，是與一些遠古的外星種族（Uni-Terrestrials）雜交的爬蟲類人形物種的後裔。（註：有關遠古外星種族的詳情見《外星科技大解密》第5章第2節）。他們是來自另一個外星文化「天龍人」的不值得信任的操縱者傭傭兵。天龍人正在返回地球，而這些「土著人族」是他們在原始地球人到來之前的古老前哨，試圖將地球用作集結地，但這並不容易，因為它導致所有其他170個外星物種想要分享他們的元基因（Metagene）[23]的秘密。

但是，這些外星文化針對在這個星球將遵循誰的議題存在衝突。一直以來，精神控制都被用來使人類保持原狀，當然是人為的，尤其是從四十年代開始。道西綜合體是美國政府和外星人的聯合基地。它不是第一個與外星人一起建造的基地，其他基地位於科羅拉多州、內華達州、亞利桑那州、阿拉斯加等地。[24]道西設施是生化活動發生的最知名地點，儘管美國境內至少還有另外26個基地擁有類似設施。[25]

道西及其他地下基地的研發與軍事工業園區的施工建設涉及蘭德公司，該公司參與了一項研究，它以附近湖泊周圍的地質為基礎。道西附近的大部分湖泊都是通過政府為印第安人提供的撥款而建造的，例如已完成撥款的納瓦霍大壩（Navajo Dam）是傳統電力的主要來源，第二個來源是埃爾瓦多（Elvado）（這也是通往道西基地的一個地下入口）。

蘭德的保密不僅限於報告，有時還延伸到會議和聚會。在標題為《蘭德計劃：一九五九年三月的深層地下建設研討會的會議記錄》（Proceedings of the Deep Underground Construction Symposium）中，其第645頁寫到：

「就像飛機、輪船和汽車讓人類掌握了地球表面一樣，隧道、鑽孔機將讓他進入地下世界。」他們也在超絕密的月球和火星基地建造了相同類型的地下隧道。這些地下城市中的許多都擁有街道、人行道、湖泊、小型電動汽車、建築物、辦公室和購物中心。

UFO研究員約翰·羅德斯（John Rhodes）於一九九三年八月十三日星期五在拉斯維加斯演講時，他有史以來第一次公開了道西基地第1層和第6層的平面圖。這些平面圖是從托馬斯·卡斯特羅交給其朋友的原件中復製而來的。這位朋友之前沒有發布平面圖，因為它們被用作驗證被綁架者聲稱他們在那裡的說法之工具。迄今為止，以上原件已經證實和反駁了許多在UFO領域流傳的故事。然而，托馬斯．卡斯特羅的這位朋友認為，是開始揭開遺失部分的時候了。

道西底層平面圖是按照托馬斯．卡斯特羅的原圖繪製的，然後羅德斯在他於內華達州拉斯維加斯的演講中發布了它。仔細檢查後，它的佈局似乎是經過精心策劃的。從垂直的角度來看（見圖4-1），它就像一個帶有中心輪轂和像輻條一樣向外輻射走廊的輪子。這個「樞紐」（Hub）是整個基地的焦點。它被中央安全武力包圍，並延伸到基地的各個層面。[26]

羅德斯相信這個核心樞紐是整個設施的致命弱點，它可能包含光纖通訊和電源線。這將證明其高度戒備和中心位置的合理性，並解釋了它在各個層面的垂直延續性。由於所有通訊線路和電源線都集中在中心樞紐上，因此任何一層都可能被其自身的安全性或來自其自身層級之上或之下的安全樞紐完全「鎖定」，這將提供對整個設施的最大控制。

從中心樞紐向外輻射的「輻條」或走廊通向五個不同方向的眾多其他實驗室。連接輻條後，五邊形在其設計中顯露出來。從上面看，這個基地類似於華盛頓特區五角大樓的佈局，包括大廳、牆壁和軍事徽章！由於我們沒有其走廊的確切方向，因此無法確定磁路線（magnetic alignments）。

以上對圖4-1也可用更白話來描述。從垂直面看，它的外觀就像一棵樹，中間有一個樹幹，樹枝向外延伸。如果這是一種科學設施，那麼人們可以很容易地說它的側面外觀就像知識之樹的外觀。這是故意這樣設計的還是碰巧是巧合？[27]因此根據以上的形容，道西設施是由一個中央樞紐、保全部分和一些照片實驗室組成。越深入，安全性越強。這是一個多層次的綜合體，在各個高度安全的位置（即出口和實驗室）安裝了三千多個攝像頭。

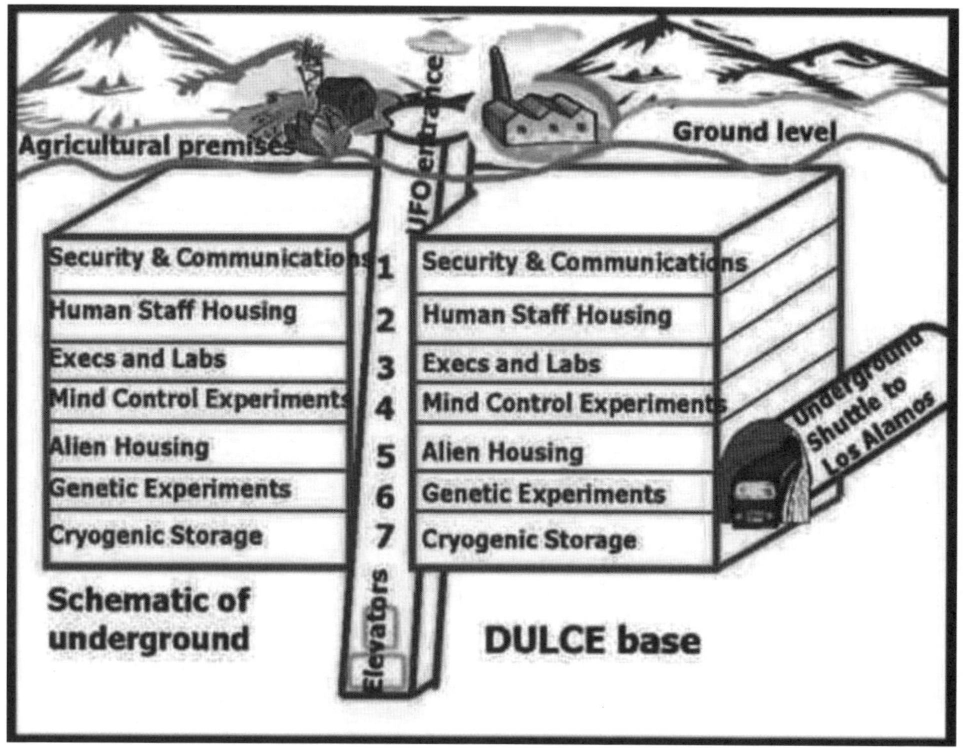

圖 4-1　注意：上圖是道西基地的粗略表示，並不准確，其所本的原圖是根據托馬斯·卡斯特羅繪製，而由約翰·羅德斯於 1993 年 8 月 13 日在拉斯維加斯演講時發佈的圖。水平高度明顯不相等。托馬斯·卡斯特羅在採訪中進一步解釋說，每層之間有 45 英尺的空間，而基地離地表要低得多。Chapter Eleven - A Dulce Base Security Officer Speaks Out. In Branton (aka Bruce Alan Walton). The Dulce Wars: Underground Alien Bases & the Battle for Planet Earth. Inner Light / Global Communications, 1999, pp.91-109
（圖片來自 Skeptoid Media，而圖片原繪製者可能來自 Skeptoid Media 的員工邁克·羅斯柴爾德（Mike Rothschild），他是一位作家、研究員和製片人，他撰寫有關陰謀論和邊緣信仰的文章。）見 That Time Subterranean Aliens Killed 60 People in New Mexico 04/20/2014 03:20 pm ET Updated Dec 06, 2017
https://www.huffpost.com/entry/that-time-subterranean-al_b_5182945

我們目前所知道的是，上層（即上面7層）是在下層（外星人專屬）之後建造的。換句話說，一個美國基地是建立在一個預先存在的外星基地之上的。這不是發生這種現象的唯一地點。有跡象表明，在內華達試驗場和其他地方存在類似的情況。該建築群的深處與廣泛的天然洞穴系統相連。[28]

保全人員穿著連身衣，左上角有道西標誌。所謂道西標誌，根據海軍情報局前成員、陰謀論作家（《看哪，一匹蒼白的馬》的作者）和講師威廉·庫珀（他後來死於執法人員的手中，當時他試圖朝對他執行逮捕令的執法人員開槍），聲稱。道西基地的符號是紅色背景下帶有希臘字母 τ 在其中的黑色三角形，同樣的符號也出現在碟形運輸船上。而在情報支持活動中，做為安全武力的三角洲集團（Delta Group）被發現帶有紅底黑三角的徽章。三角洲是希臘字母表的第四個字母，呈三角形，在某些共濟會標誌中佔據顯著位置。

道西的標準手持武器是「閃光槍」，它能對付人類和外星人。保全人員使用 Retina-Reader 來代替舊的ＩＤ卡進行身份識別，但ＩＤ讀卡器仍用於卡槽、門和電梯，在ＩＤ照片上方有道西符號。

在道西基地，門和走廊上的大多數標誌都是外星符號語言及人類和外星人都能理解的通用符號系統。第二層級之後，每個人都被裸體稱重，然後穿上制服，參觀者給了一件灰白色的制服，連身衣搭配一個拉鍊。人的體重記錄在電腦 I.D. 卡上，每天打卡。在所有敏感區域的前面是 Retina-Reader 和在門口下方構建的秤，由門控制。它檢查清關，檢查身份以及記錄重量的任何變化。任何超過兩磅的可能變化會有安全黃色警報。如果超過三磅，則需要進行身體檢查和X光檢查。

秤位於所有敏感區域的前面，並內置在靠近門口和門控制面板的地板中。個人將他的電腦ＩＤ卡插入門槽，然後在鍵盤上輸入數字代碼。此人的體重和密碼必須與卡片相符，否則門將無法打開。

任何差異都會召來安全人員。任何人不得攜帶任何物品進入敏感區域。所有用品都放在傳送帶上並進行X光檢查。離開敏感區域時使用相同的方法。

未經特定許可或授權，任何人不得攜帶任何物品進出敏感區域。所有供應品都通過安全輸送系統。灰人和北歐人等外星符號語言在設施中經常出現。[29]

根據布蘭頓對托馬斯・卡斯特羅的問卷式訪談記錄，道西設施的施工於一九六五—六六年完成，該處的隧道被連接到亞利桑那州的佩奇基地（Page Base）。任何去過格倫峽谷大壩（鮑威爾湖）（Glen Canyon dam (Lake Powell)）的人都可以很容易地觀察到大壩被如何用作此類基地的入口，以及大型水力發電設施如何為基地運營提供動力。前道西基地安全官托馬斯・卡斯特羅沒有特別提到格倫峽谷大壩的連接，他將亞利桑那州的佩奇稱為連接基地，但是如果佩奇下面有一個基地，那麼將這個水力發電設施充作一種形式或其他是合乎邏輯的。[30]

本書提到的道西基地主要涉及上層（即上面7層），而不是包括巨大天然洞穴的極低層，及有些人認為的非常古老的隧道系統，它包括外星灰人避免居住的那些被五氧化二磷照亮的來源不明的隧道。上層裝置的一部分在60年代被核裝置炸開。有些部分，如穿梭隧道，是由先進的隧道掘進機形成的，使隧道壁光滑。這些系統中的已完工隧道壁類似於拋光的黑色玻璃表面。[31]外星人使用上層的5、6與7層，那些較低的層次被卡斯特羅描述為一系列極其古老的天然洞穴，過去曾被不同的ET種族使用過。德科拉是5—6—7層級無可爭議的主人。人類在這些層級中處於第二位。

以下是來自一位道西實習生有關5、6與7層的見證報告，該報告於二〇一一年三月在網站上被收到：

我〔實習生MP〕讀了你最近發布的關於道西實驗室遺傳學實驗的信，並想與你的讀者分享我的經驗。當我在一九七〇年代中期學習遺傳學時，我在道西實驗室做了10個月的實習。我的主要職責是第一層級。那是我幾乎花了所有時間所待的地方。但每週一次，我陪同一位初級研究員到5、6和7級收集數據磁帶和其他文件。我從來沒有通過那些層級的「清晰區域」，但有幾次我在6級聽到非人的尖叫聲和哀號聲。

有人告訴我，6級是精神病院，特別是心煩意亂的患者，並且眾所周知，他們有情緒爆發的問題。有一次，當我們在等人拿出錄音帶時，我聽到對講機傳來部分信息，這些話深深地印在了我的記憶中。

聲音1：「34號單元格（cell）受損，實體已突破收容」停頓後，第二個聲音從揚聲器中傳來：

聲音2：「可向C&C藍區提供個人報告。已授權使用最大力量。」

服務台的保全告訴我和我的同事，我們必須立即離開，材料還沒送到我們手上，我們就被趕回了電梯。兩天後他們才讓我們去取磁帶，我們去的時候一切都很正常。從來沒有人談論過它。我試著問我的同事（即當時在場的那位初級研究員），但他說他不知道我在說什麼，而且他的語氣告訴我最好也忘記這件事。

畢業後因為我對基因科學的潛力感到非常興奮，我有興趣回到道西，原因不止此，還包括道西擁有一些非常先進的設備和知識，它比其他任何地方使用的任何東西都要好。但我被告知沒有任何空缺。我想知道我是否因為對那件事的好奇且如果我因此被認為是一個風險而被拒絕了。我嘗試聯繫初級研究員，但從未得到他的回覆。[32]

在道西設施的建造過程中（分階段進行多年），據說外星人協助了建築材料的設計和使用。某些組件是一種無法理解的技術，但當完全組裝在一起時它會起作用。道西的基礎設施被認為是一種磁系統控制，沒有傳統的電氣控制，磁性的系統被安裝在牆內。

電磁發電機的房間直徑近200英尺。這個圓形房間覆蓋了第五層和第六層（座落在極端的西-南翼），這裡是強磁發電機。有一個由陶瓷和乳膠製成的『緩衝區』，它向四面八方延伸，有四英尺厚。

所有電梯均採用磁力控制，而不是電動的，因而沒有電梯電纜，因此它們不可能掉落。電梯移動平穩而無聲，移動開始或停止時幾乎感覺不到任何波蕩。磁系統位於電梯井的牆壁內，沒有正常的電氣控制。道西的任何地方都沒有從地表下降到第七層的電梯。每個級別只能下降一層。甚至中心樞紐也沒有快速電梯。在第三層之後，你不僅會更換電梯，還會在重新進入電梯轎廂之前對你進行稱重和顏色編碼。一切都由先進的磁性裝置控制，包括照明。照明是用磁感應的（磷光）照明系統。沒有標準的燈泡。發現的照明比地表世界上的任何人造光都更接近自然陽光。一些深隧道使用一種形式的五氧化二磷來臨時照亮區域。外星人不會靠近這些地區，原因不明。所有出口均採用磁力控制。注：據報導，「如果你在入口處放置一塊大磁鐵，會導致立即中斷磁控制，系統必須重新設置。」[33]

電磁控制的航空器或航天器儲存在五個區域，其中一個區域是在道西東南部，一個區域在科羅拉多州杜蘭戈（Durango）附近，一個區域在新墨西哥州陶斯（Taos），主要的航空與航天艦隊被存放在洛斯阿拉莫斯的地下。[34]

外星人對每件事都使用磁力。他們使用磁性作為其能源的基本結構。人類稱它們為磁鐵，外星人稱它們為「磁星」（Lodestar）。幾個世紀以來，他們一直在收穫磁星（磁石）。不僅如此，他們還想要地球上所有的磁力。他們打算在現在和將來繼續收穫這種磁力。近年來，人類開始使用磁力並尋找更多利用這種能源的方法。在人類最初與外星人簽定的條約中，人類根本不介意磁力，我們認為磁力幾乎毫無用處。當人們尋找另一種能量來源時，我們轉向了磁性。根據已簽定的條約，外星人擁有地下採礦權，且可對動物和人類進行新的實驗。公眾從來不知道該條約。世界各國政府首腦選擇了交換利益。所以現在，他們使用磁性材料越多，他們就越需要人類和美國的土地。我們被出售以換取磁鐵（使用磁鐵的技術）。[35]

其次，銅在道西基地也被大量使用，它的主要用途之一是遏制磁流，在該基地的任何地方都使用磁鐵。臭名昭著的大桶的內部襯有銅，外壁則覆蓋著不銹鋼。攪拌液體的機械臂由銅合金製成。其他用途包括一些轉基因生物（transbiotic beings）的飲食需求。有幾個特製的牢房或房間首先用鉛建造，然後是磁鋼，然後再用銅包裹著。正是在第四層的那些牢房中，包含活的聽覺本質（aural essence）。這個本質就是被捕獲的脫離實體的「靈魂」或……「星體」（astral body）。[36]

基地的每層有五個入口。每個傳送門都有一個雙門（一個在緩衝區的外部，一個在緩衝區的內部）。治安很嚴。武裝警衛不斷巡邏，除了重量級敏感區域外，還有手印和眼印站。低於 ULTRA 5 通關的任何人不得靠近入口。這是為原子轉移提供動力的設備。ULTRA 7 或更低的人員無法獲得任何信息。一個有趣的關聯是，參與在新施瓦本蘭（Neu Schwabenland）山脈和南極洲其他地方建造和運營地下基地的秘密納粹團隊被稱為 ULTRA 團隊。但 ULTRA 同時也是道西基地的代號。

一個研究小組已前往阿丘萊塔台地進行地下物理探測，對這些探測的初步和試探性電腦分析似乎表明台地下存在深空洞（一位消息人士稱，根據收到的數據，這些空洞延伸到深處超過四千英尺處）。

阿丘萊塔台地下的空洞，其存在佐證了道西地下基地的傳說並非謠傳，托馬斯·卡斯特羅的證詞繼續說明基地的各層配置與繁複的地下交通網路……

註解

1. https://en.wikipedia.org/wiki/Dulce,_New_Mexico
2. Carlson, Gil. Secrets of the Dulce Base: Alien Underground. Wicked Wolf Press, 2014, p.101
3. Ibid., pp.102-103
4. Ibid., pp.103-104
5. Ibid., p.40
6. Ibid., pp.31-32
7. 1995: The Mysterious Life and Death of Philip Schneider，posted on December 28, 2012, AuthorOrbrman. http://www.subterraneanbases.com/the-mysterious-life-and-death-of-philip-schneider/
8. Branton (aka Bruce Alan Walton). The Dulce Wars: Underground Alien Bases & the Battle for Planet Earth. Inner Light/Global Communications, 1999, pp.92-93
9. Interview With Thomas Castello Dulce Security Guard by Bruce Walton〔aka Branton〕In Beckley, Timothy Green, Christa Tilton, Sean Casteel, Jim McCampbell, Dr. Michael E. Salla, Leslie Gunter, Bruce Walton. Underground Alien Bio Lab At Dulce: The Bennewitz UFO Papers. Global Communications (New Brunswick, NJ). 2009, p.94

10. Ibid., p.125
11. Norio Hayakawa, "Meanwhile, Back at the (Abandoned) Ranch". Civilian Intelligence News Service, March 28, 2021, In Beckley, Timothy Green, Sean Casteel, Tim R. Swartz, etc., Dulce Warriors: Aliens Battle For Earth's Domination, Inner Light/Global Communications, New Brunswick, NJ., 2021, pp.89-90
12. 部份路線說明參見 Carlson, Gil. Secrets of the Dulce Base: Alien Underground. Wicked Wolf Press, 2014, p.106
13. Norio Hayakawa, In Beckley, et. al., 2021, op. cit., p.91
14. Dulce Base. https://ufo.fandom.com/wiki/Dulce_Base
15. Branton (aka Bruce Alan Walton). The Dulce Wars. Op. cit., p.130
16. The Dulce Base, by Jason Bishop III, in Dulce Warriors: Aliens Battle For Earth's Domination. Timothy Green Beckley, Sean Casteel, Tim R. Swartz, etc., Inner Light/Global Communications, New Brunswick, NJ., 2021, p.57
17. Ibid., p.58
18. Ibid.
19. Branton (aka Bruce Alan Walton). The Dulce Wars. Op. cit., p.130
20. Ibid.
21. Bruce Walton (aka Branton), Interview With Thomas Castello – Dulce Security Guard. In Beekley, et

al., 2009, op. cit., pp.93-134

22. Ibid., pp.115-117
23. 元基因是基因表達的一種模式，不是真正的基因。
24. Carlson, Gil, 2013. Blue Planet Project: The Encyclopedia of Alien Life Forms, Wicket Wolf Press, pp.34-35
25. Ibid., p.39
26. John Rhodes, Probing Deeper into the Dulce 'Enigma'. http://www.reptoids.com/Vault/ArticleClassics/dulceTEChistory.htm
27. Ibid.
28. Carlson, Gil. Secrets of the Dulce Base: Alien Underground, Wicked Wolf Press, 2014, pp.27-28
29. Ibid., p.40
30. Branton (aka Bruce Alan Walton). The Dulce Wars, op. cit., p.81
31. Ibid., pp.93-94
32. Carlson, Gil. 2014, op. cit., pp.104-105
33. Branton (aka Bruce Alan Walton). The Dulce Wars, op. cit., p.117
34. Ibid., pp.94-95
35. Ibid., p.119
36. Carlson, Gil. Secrets of the Dulce Base: Alien Underground, Wicked Wolf Press, 2014, p.124

第⑤章

道西基地的真實面貌(2)——層層戒備的地下大殿

布蘭頓與約翰．李爾倆一直以來都是UFO圈中著名的陰謀理論推手，他們大力宣揚外星人在地球為惡。政府為了某種目的不惜向外星人屈膝，允許他們有限度綁架人類，最後卻演變成無限度綁架人類。他倆的言詞是真？是假？或是半真？半假？此邊不做評論，唯有一點須強調的是，陰謀理論若無有強力支撐，不久將成海中浮萍，終將消散無蹤。然而以上陰謀說法迄今仍然流行，是誰提供這個陰謀論有力的證據？托馬斯．卡斯特羅的證詞顯然是其中最有力的支撐，它滋潤陰謀理論並讓它成長。托馬斯最震撼人心的證詞不僅是道西地下基地以人及其他動物為對象的生物實驗，企圖篡改圖騰，顛覆上帝的安排；它更進一步指出道西基地不過是一個更大型（州際／國際）地下網路的中轉站，那麼這個超大型地下網路的興建目的何在？

5.1 道西基地的各層配置

上文提到，在內華達州拉斯維加斯的演講中，約翰．羅德斯（John Rhodes）提到，道西基地的平面圖（側視圖）是按照托馬斯·卡斯特羅的原圖繪製的，他發現它的佈局似乎是經過精心策劃的。其中：

(1) 第1層是做為安全和通訊用

第一層有車庫、街道維護設備、照相館、種植新鮮蔬菜、水果、豆類等的水培花園、人類住房、食堂、貴賓室、廚房和安全車輛車庫。

(2) 第2層是做為人類工作人員的住房

進入第2層及以後各層，每個人都被裸體稱重，然後得到一件制服。「訪客」被給予「灰白色」制服。在所有敏感區域的前面都在門口下面建有秤稱。人員卡必須與重量和密碼相匹配，否則門將無法打開。任何重量差異（任何超過三磅的變化）都會召喚保安。任何人不得攜帶任何物品進出敏感區域。所有用品都放在安全輸送系統上。[1]

至於人類勞動力的來源，托馬斯·卡斯特羅說：「人類工作人員是由來自地表世界各個國家的人組成。他們共有的一件事是他們都說英語。如果你問他們究竟是白色、黑色、紅色、黃色或棕色的膚色，我還是要說那裡沒有主要的種族。」[2]

「至於囚犯，我可以看到那裡的所有種族。從我所看到的，看起來白人更多，但我再次看到不同的人不斷湧入，我認為很多人只在那裡待了幾個小時。」[3]

(3) 第3層是做為辦公室和實驗室

(4) 第4層是做為精神（心智）操控實驗

道西基地研究精神控制植入物、Bio-Psi單位、能夠控制情緒、睡眠和心跳的ELF設備等。國防高級研究計劃局（DARPA）正在使用這些技術來操縱人，他們建立「項目」，確定優先事項，協調努力並指導這些從事的許多參與者。

相關項目由來自38個特定科學領域的55名科學家組成的「傑森小組」在桑迪亞基地進行研究。他們秘密地利用了技術的陰暗面，並將有益的技術從公眾面前隱藏起來。其他項目在內華達州格魯姆湖代號為「夢幻世界」（Dreamland）的「51區」進行，這是一個數據和正在進行的項目存儲庫。

第4層的研究包括人類光環（Human-Aura）研究（即人的氣場研究）、做夢、催眠和心靈感應，他們利用此項研究來操縱人類的生物體。他們可以通過深度睡眠的三角波（DELTA WAVES）來降低心跳，誘發靜電衝擊，然後通過大腦——電腦連接重新編程。他們可以將數據和程序化的反應引入人類的思想。這些研究是為了追求精神力量的技術化。開發技術以增強人與機器通信、納米技術、生物技術微型機器、PSI-War、記憶的電子溶解（Electronic Dissolution of Memory，縮寫E.D.O.M.），無線電催眠腦內控制（Radio-Hypnotic Intra-Cerebral Control，縮寫R.H.I.C.）和通過化學藥劑、超聲波、光學和其他形式的電磁輻射進行各種形式的行為控制。[4]

托馬斯說，他們知道如何將生物質體（bioplasmic body）與物質體分開，以將人類的「靈魂」生命力矩陣從肉體分離，從而在人體內放置一個「外星實體」生命力矩陣。[5]

(5) 第5層是做為外星人住宅

人類永遠沒有機會在第五層漫遊。外星人居住區禁止任何人類進入。該中心被安全人員、軍火庫、軍事和中央情報局／聯邦調查局部門包圍。安檢後的區域是最安全的區域之一，因為它存放了許多機密文件。除了持有ULTRA-7（安全許可）或更高級別的安保人員外，第五層的整個東側都是禁止進入的。第五層西側的車庫需要ULTRA-4通關。[6]

(6) 第6層是做為基因實驗

第6層又稱為「動物園」（The Vivarium），它是一個用於照料所有類型生物形態的安全設施。實際上它是一個私人地下生物終端公園，為動物、魚類、家禽、爬行動物和人類提供基因實驗，這些生物及其原始形態發生了巨大變化，外星人在那裡教會了人類很多關於遺傳學的知識，它們是一些有用和危險的東西。見過這種級別的奇異實驗的人員給第6層起了個綽號叫「夢魘大廳」（Nightmare Hall）。卡斯特羅並報導說：「我見過看起來像半人或是半章魚的多腿『人類』。還有爬行動物人類，和毛茸茸的生物，其手像人類，哭起來像嬰兒，它模仿人類的話……同時也看到籠子裡蜥蜴和人的巨大混合物。也有魚、海豹、鳥類和老鼠，它們都不像其原來物種。有幾個籠子（和大桶）裝有帶翼人形生物，怪誕的蝙蝠狀生物……但高僅3.5到7英尺。長得像石像鬼（Gargoyle）的生物和德拉科——爬行動物。」[7]

卡斯特羅說，他在設施的第六層直接目睹了跨物種基因實驗的產物。最令人不安的是，他發現人類被用作最低層（第7層）的一種實驗動物，他們被放置在冷藏庫中，用作精神控制程序的測試對象，甚至用於基因實驗。

第6層的功能充滿了神秘性與特殊性，它除了各種研究設施外，並擁有安全武庫與軍火庫和一個發電機／脈衝器。這台發電機直徑為200英尺，具有兩級電磁脈衝裝置，有充分能力可以創建一個人類的完美複製。

新墨西哥州洛斯阿拉莫斯的生物遺傳學研究是在保密的情況下獲得資助的。它與基因科學中的外星技術相結合，生產出可消耗的生物實體，供製造商認為在合適的地方使用。類人生物的複製是科學發展下自然進步的一部分。據傳政府中的一些政治人物已被複製。

（注意：這些複製品保留了與「原始物種」相同的「表面」記憶和身份，這些記憶通過心智電腦連接以電子方式傳輸到複製人的頭腦中，並且複製人可能包含也可能不包含原始的靈魂能量矩陣。然而，在大多數情況下，複製品被大量電子植入，以便在潛意識層面或有意識層面將他或她與外星集體聯繫起來。——見前文布蘭頓對植入物的評論）

人類和動物綁架是為了獲得他們的血液和其他身體部位而進行的。一九八〇年代，利弗莫爾的勞倫斯伯克利實驗室開始為道西及其他姊妹複合體生產人造血液時，這種綁架情況有所放緩。

(7) 第7層是做為低溫儲存

第7層是人類兒童和成人作為生物材料儲存來源的地方。一排又一排被綁架的人類再也沒有回到地表。他們被關在冷藏室裡，處於假死狀態。除此，也有人看到人類被存放在6英尺高的透明圓柱形容器中，懸浮在黃色或琥珀色的液體中，他們活著且有意識，但無法尖叫或說話。這是該設施以及美國中西部其他26個包含類似裝置的設施中的常見觀察結果。

在基地工作的人擁有「ULTRA-7」通關，據報導：「可能有七個以上的層級，但是我（指Jason Bishop III）只知道七個。大多數外星人都在5—6—7層。外星人的住所是第五層。」[8]的確不錯，道西基地被真正使用的部份只有七層。當托馬斯在道西設施的第7層遇到關在籠子裡的人類時，事情終於達到了高潮。數以千計的人類、人類混血兒的遺骸和類人生物的胚胎一排排被保存在冷藏庫中。關於此，托馬斯寫道：

「第7層更糟，一排又一排的冷藏庫中成千上萬的人類和人類混血兒。這裡還有處於不同發育階段的類人生物的胚胎儲存桶。我經常遇到關在籠子裡的人，他們通常頭昏眼花或被下藥，但有時他們會哭著求幫助。我們被告知他們是沒有希望的瘋子，他們參與了高風險的藥物測試以治療精神錯亂。我們被告知永遠不要試圖和他們說話。一開始我們相信這個故事，最終在一九七八年，一小群工人發現了真相。它開始啟動了道西戰爭。」[9]

第7層以下是未開發的洞穴系統，其中包括巨大的天然洞穴，有些人認為還有非常古老的隧道系統。這將包括被五氧化二磷照亮的隧道，外星灰人會避開這些隧道，這些隧道的來源不明。托馬斯·卡斯特羅受訪時說他看到第7層以下的電梯是禁止進入的，除非有UMBRA或更高的安全許可（托馬斯的許可是低於UMBRA的ULTRA-7）。在那個基地，僅在「需要知道」的基礎上他被提供信息。

道西設施的層級介紹如上述，它包含一個中央樞紐的安全部門（還有一些照相實驗室）。越深入，安全性越強。這個多層次的綜合體，有超過三千台攝像機，它們主要被安置在各種高安全性的地點（出口和實驗室）。注意：此時道西綜合體中有超過一萬八千名外星人。

一九七九年底，該設施發生了一場使用武器的對抗，許多科學家和軍事人員喪生。基地關閉了一段時間，但現在，它又重新活躍起來了。關於道西基地內的人類與外星人對抗，最終造成科學家與負責所有外星人相關項目安全的國家偵察小組三角洲部隊之間82人死亡。此外，還有數百名其他受傷人員和132名外星人死去。[10]

道西附近和周圍有100多個秘密出口。許多在阿丘萊塔台地附近，其他則在道西湖南側的附近，甚至遠至林德里斯（Lindrith）的東面。綜合體的深層部分連接到天然洞穴系統。雖然道西基地實際上有100多個出口（包括林德里斯附近的大型進氣管道），但這些出口和基地內部的其他區域都被攝影機覆蓋，每件事和每個人都受到注視與監視。

5.2 道西設施的研究目的與成果

據托馬斯說，外星雌雄同體繁育者能夠進行孤雌生殖。在道西，常見的形式或繁殖是多胚。每個胚胎可以並且確實分成六到九個單獨的「cunne」（即兄弟姐妹）。人體發育所需的營養物質由「配方」提供，通常由血漿、脫氧血紅蛋白、白蛋白、溶菌酶、陽離子、羊水等組成。術語「基因組」（genome）用於描述特定生物體（或生物體內的任何細胞）所特有的染色體的總體，與基因型（genotype）不同，基因型是那些染色體中包含的信息。人類基因被映射到特定的染色體位置。這是一個雄心勃勃的項目，需要數年時間和大量的電腦能力才能完成。外星人和人類生物科技是被用來培育和服務我們，還是被用來控制和支配我們？為什麼ＵＦＯ被綁架者被用於基因實驗？[11]

陰謀論者傑森．畢曉普三世（Jason Bishop III）認為，道西地下設施是一個遺傳學實驗室，通過地鐵穿梭系統與洛斯阿拉莫斯相連。它的部分研究與輻射的一般影響（突變和人類遺傳學）有關。它的研究還包括其他智能物種（外星生物生命形式實體）。[12]

外星生物和生物技術在地下生物遺傳實驗室的上層進行測試。外星基因工程、複製、和低溫技術的研究旨在「增強」人類遺傳學，破譯人類基因組，並通過人工生物工程獲得生物學優勢。據稱，在這些實驗室中培育出了奇怪的生命形式。

畢曉普三世認為，政府科學家對智能的「一次性生物學」（類人動物）感興趣，因為它們可以進行危險的原子（钚）火箭和飛碟實驗。他們複製了自己的小號人形生物。通過洛斯阿拉莫斯生物基因研究中心完善的過程，現在他們有了自己的一次性奴隸種族。像外星「灰人」（EBES）一樣，美國政府秘密地讓雌性受孕，然後於三個月後取出混血胎兒，然後在實驗室加速它們的生長。然後灌輸生物遺傳（ＤＮＡ操作）編程——它們被「植入」並通過射頻（Radio Frequency，簡稱 RF）傳輸在一定距離內進行控制。

許多人類也被「植入」了大腦收發器。這些東西充當心靈感應「通道」和遙測大腦操控設備。網際網路是由高級研究計劃局（Advanced Research Project Agency，簡稱 DARPA）建立的。其中兩個程序是無線電 - 催眠腦間控制（Radio-Hypnotic Inter-Cerebral Control，簡稱 RHIC）和記憶電子溶解（Electronic Dissolution of Memory，簡稱 EDOM）。大腦收發器通過鼻子插入頭部。這些裝置在蘇聯和美國以及瑞典都有使用。瑞典首相帕爾梅（Palme）授予（一九七三年）瑞典國家警察局將大腦發射器秘密插入人類頭部的權利。

政府科學家還開發了ＥＬＦ和ＥＭ波傳播設備（RAYS），它們會影響神經並導致噁心、疲勞、易怒，甚至死亡。這項對生物體內的生物動力學關係（「生物等離子體」）的研究產生了一種可以改變「遺傳結構」和「治愈」的射線。[13]

美國能源部長約翰・赫林頓（John Herrington）將勞倫斯伯克利實驗室（Lawrence Berkeley Laboratory）和新墨西哥州洛斯阿拉莫斯國家實驗室命名為新的先進基因研究中心，作為破譯人類基因組項目的一部分。基因組擁有指導單個細胞（受精卵）轉化為生物體的基因編碼指令。伯克利實驗室主任大衛雪莉說，「人類基因組計劃很可能對今天擺在我們面前的任何科學倡議對人類產生最大的直接影響」。暗中，以上研究在道西實驗室的第6層級已經進行了多年，該層擁有基因實驗室，而實驗室的運作則由外星人與人類共同主導。

灰人和爬虫族物種具有高度的分析能力和技術導向。古老時代他們曾與來自其他太空社會的北歐人類發生過衝突，並且可能正在這裡〔地球〕上演未來的衝突。他們對電腦和生物工程科學的深入研究，導致他們進行魯莽的實驗，而不考慮對其他生物的道德和同情行為。

參與繪製人類遺傳學圖譜的主要政府組織，即所謂的基因組項目（genome projects），位於能源部（該部在內華達試驗場（NTS）有大量活動）、美國國立衛生研究院（National Institute of Health）、國家科學基金會（National Science Foundation）與霍華德休斯醫學研究所（Howard Huges Medical Institute）。當然，基因組項目除位在以上機構，還有由能源部運營的道西地下實驗室。[14]

此處顯示的這種實體是自一九六三年以來被綁架者和接觸者在地下繁殖設施中看到的實體。它們在地下設施中被成千上萬的繁殖，道西設施是這種活動發生的最著名地方，儘管在美國境內至少有另外26個擁有類似設施的基地。

外星人正在利用牛的DNA製造人形生物。（得到他們視頻屏幕的照片）有些生物像動物，有些接近人類，有些是人類，短而大。如果是這樣的話，似乎並非所有所謂的「雜交體」都注入了爬行動物DNA，而是注入了牛DNA或基地「噩夢大廳」級別中可用的各種其他DNA來源。

外星人培育出胚胎，然後胚胎經過一年的訓練，它們變得活躍，它們開始運作。當它們死後，它們會回到桶中，而它們的身體部件會遭回收。

道西基地的很大一部分是為了維持外星人的生存能力。這些設施的主要重點似乎是獲取和處理生物材料，以確保供應DNA和其他生物材料，並將它們用於生產外星人和合成生命形式。

合成生命形式是用基於動物的組織創造的，可以採取任何形式的基因操縱，包括人工神經物質。外星技術允許從人類身上提取記憶並將該記憶植入合成神經網絡；其他方法使用分子電腦來模擬記憶。

通過這些方法創建的類人動物（humanoids）最終變得緩慢而笨拙。它們的壽命相對較短，通常約為三年或通常更短。類人生命形式也與標准人類一起繁殖，

產生混合體生命形式，期望的結果是為外星人種群產生自我繁殖的混合體（hybrids），以在另一個外來物種的主奴遊戲的低端發揮作用。在這場遊戲中地球人則是位在中間地位。

地球人也被用於訓練目的，他們訓練合成人，並訓練自己執行外星人強加的任務。有些人被綁架並被完全利用，利用的情形甚至包括構成身體的物質中的原子粒子。

地球人類也被施予各種精神控制技術，例如獵戶座催眠法（技術—催眠＋藥物／化學品＋重複心理壓力）並用於傳播虛假信息或歪曲信息，而這些將導致他人誤入歧途。

從動物和人類那裡獲得的ＤＮＡ被改變並被用來創造生命形式，這些生命形式在幾個月內長到成人大小，從而具有巨大的繁殖潛力。ＤＮＡ類型的實際混合被用於創造新的生命形式，這些生命形式是人類和非人類之間的混合體，是在受操縱的人類女性體內生長的胎兒完成的。[15]

5.3 道西設施的工人種姓

道西設施內的一些實體並非來自外星生物。一些蜥蜴類猛龍族（reptiloids）及爬行動物天龍族（reptoids）自認是這個星球的本地人。外星人的統治階級是爬行動物，這些生物或白色生物被稱為「德拉科」（Draco）或稱白龍人。其他爬行動物（Reptilian）是綠色的，有些是棕色的。他們是地球上的一個古老種族，生活在地下。它們可能是在伊甸園中誘惑夏娃的蛇族人之一。爬蟲類動物正確地認為自己是土生土長的人族。也許他們就是我們所說的「墮落天使」，也許不是。無論哪種方式，我們都被視為是地球上的擅自佔地者。小灰人外星人為德拉科人工作，並被德拉科人控制。還有其他灰色皮膚的生物與德拉科人沒有結盟關係。[16]

如前章所言，托馬斯．卡斯特羅是基地的高級安全官，他每天都要和外星人溝通。通常在道西的低層從事體力勞動的是爬行動物的工人種姓，涉及該種姓的決定通常是由白德拉科人做出。當人類工人給爬行族的工作種姓造成問題時（例如有任何涉及安全或攝像機的問題），爬行動物去找白德拉科人老闆，德拉科人打電話給托馬斯。有時，感覺這是一個永無止境的問題。一些人類工人不滿於工人種姓一貫的「不廢話」或「重返工作崗位」的態度，因而產生紛爭。在需要時，干預成為一種重要的工具。最大的問題是人類工人愚蠢地在外星人部門的「禁區」附近徘徊。托馬斯猜測，好奇和想知道越過障礙物那端究竟是什麼，這些都是人類的天性。經常有人找到繞過障礙物的方法後，果真去做並四處尋找。入口附近的攝像機通常會在他們遇到嚴重麻煩之前阻止他們。有幾次托馬斯不得不事先要求一名人類工人返回。[17]

工人種姓做日常家務，拖地或乳膠地板，清潔籠子，給飢餓的人和其他物種帶來食物。他們的工作是為德科拉種族（即天龍人）創造的第一型和第二型生物配製適當的混合食物。

「一型」生物是實驗動物。外星人知道如何改變原子來創造一個臨時的「幾乎是人類」的生物。它是用動物組織製成的，依靠電腦來模擬記憶，這是電腦從另一個複製人身上提取的記憶。「幾乎是人類」是緩慢而笨拙的。真正的人類被用於訓練、試驗和繁殖這些「幾乎是人類」。有些人被綁架並被完全利用。有些被保存在大管中，並在琥珀色液體中保持活力。

有些人被洗腦並被用來歪曲事實。某些男性的精子數量很高，並且可以保持活力。他們的精子被用來改變DNA並創造出一種被稱為「二型」的無性別生物。那個精子長大了後以某種方式再次改變，放入子宮。它們在成長時類似於「醜陋的人類」，但在完全成長時看起來很正常，從胎兒大小到完全成長只需幾個月。它們的壽命很短，不到一年。有些女性人類被用來繁殖，無數女性在懷孕大約三個月後突然流產。有些人不知道自己懷孕了，有些人記得以某種方式被接觸過。

胎兒用於混合一型和二型DNA。那個胎兒的原子構成是一半人類，一半「幾乎是人類」，並且不會在母親的子宮中存活。它在三個月後被取出並在其他地方種植。

道西基地的秘密文件中披露了一些在實驗室拍攝的照片的鋼筆和墨水復製品。有一個子宮的樣子（2’×4’）的插圖，一個顯示「幾乎是人類」之一的管子的插圖，一頁顯示了一個簡單的結晶金屬圖、純金水晶圖，以及看起來像遺傳或冶金圖或圖表的東西。還顯示了一些看起來像X射線衍射圖案和六方晶體圖的東西，並評論說它們最適合導電。[18]

工作種姓在實驗室和電腦銀行工作。基本上來說，爬行動物種族在道西基地的各個層面都很活躍。有幾種不同的外星人種族在第六層東區工作，該部分通常稱為「外星人區」。

天龍人德拉科是無可爭議的5—6—7層級主人。人類在這些層級位居第二。托馬斯·卡斯特羅說，他不得不經常和一個大個子的天龍族「老闆」爭論。他的名字，Khaarshfashst〔發音像嘶啞的kkhhah-sshh-fahsh-sst〕，很難用語言表達。托馬斯通常稱他為「卡什」（Karsh），但他討厭這個名稱。

托馬斯進一步解釋說，「卡什」名字的意思是「法律的守護者」。他們在達到「意識年齡」後得到他們的名字。他們不認為時間是人類「意識到」的重要因素。在他們的「意識年齡」上，他們對自己注定要履行的職位有了認知。那時他們自行選擇或允許某人選擇他們的名字。他們的名字將包括自己擔任的職位和幾個個人選擇的字母。每個字母都有個人含義，只有外星人和選擇他們名字的人知道。

爬蟲類不僅選擇保密，而且對他們出生地的位置保密。對他們來說，出生或生命的出現被視為生命的神聖儀式之一。他們認為地球是他們的「家園星球」，一些爬蟲類討論了幾張星圖，這些恆星中的大多數都在銀河系內。在這些星圖中，有稱為忠誠行星（Planets of the Allegiance）的恆星和其行星。地球是他們貿易路線上的行星之一。

如果有人問了關於忠誠行星的明確問題，外星人會將這些問題轉交給天龍人。天龍人反過來將這些問題提交給他們的主管〔即托馬斯〕。托馬斯沒有關於星星的信息，因為信息是在「需要知道」的基礎上提供的。他不需要那些信息。[19]

龍族領袖在與人類交談時非常正式。這些遠古生物認為我們是低等種族。卡什雖稱托馬斯為「卡斯特羅老大」，但它是以一種諷刺的方式使用。一般的工人種姓是足夠友好的，只要你讓他們先說話。

如果你對龍人說話，他們會回答。他們是非常謹慎的生物，他們認為大多數人類都是敵對的。當他們發現許多人類是開放和值得信賴時，他們總是顯得很驚訝。下班時間不能與外星人稱兄道弟。禁止在沒有明確的公務理由情況下在大廳或電梯中與任何外星種族交談。人類可以跟人類說話，外星人也可以跟外星人說話，但僅此而已。然而，在工作現場就不一樣了，實驗室裡有言論自由，即人類與外星人可以交談公務。[20]

在實驗室中發現的友情也像電腦銀行一樣。在這些領域，每個人都可與任何人交談。然而，當你跨過實驗室或銀行大廳的門檻時，一切都發生了變化。瞬間，所有的對話都變得非常正式。雖然很難，但有幾次托馬斯不得不逮捕人，僅僅因為他們和一個外星人說話。這是一個奇怪的地方。[21]事實上，依托馬斯的話，道西實驗室的本質可用「這是一個先進的三生物轉移（Tri-Biotransfer）設施」來形容，[22]光聽這個名詞就夠讓人不舒服的了，它為醫療和精神獲益而從事先進的冒險方法。

5.4 拉斯維加斯的假賭場

在進入下節地下高速公路網主題之前，先來敘述一則由約翰・李爾提供的故事。故事主旨在闡明拉斯維加斯的一家假賭場，竟隱藏著巨大的地下超級秘密高速磁浮（MAG-LEV）地鐵的施工秘密，該地鐵連接到內華達州測試站點（NTS）的基地，它可在21分鐘內將二千名工人從拉斯維加斯弄到派烏特台地（Paiute Mesa）的大型地下基地：[23]

假賭場的名稱是「梯隊廣場」（Echelon Place）（圖5-1）。一九七八年，影子政府開始在內華達試驗場的派烏特台地的寂靜泉峽谷（Silent Spring Canyon）附近建立一個秘密基地。當時它的名字是桑迪亞基地（Sandia Base）。

影子政府又在金灘（Gold Flat）以北幾英里處建造了一個巨大的新秘密空軍基地，其規模和技術可與51區相媲美。他們建造了兩條巨大的跑道，跑道中間有一個機庫，這樣他們就可以完全保密地測試新飛機。使用備用跑道，如此使得用機庫東半部和東跑道秘密項目的人員無法看到使用機庫西半部和西跑道的秘密項目的一切。

巨大的機庫比跑道低約15英尺，並與一條傾斜的滑行道相連。這可以防止任何人在門打開時偷看機庫。該空軍基地與南部十四・六英里的桑迪亞設施相連，有地下地鐵。知情人士說，這個設施只是一個龐大項目的一部分，該項目包括也建在地下、連接主要城市的6車道高速公路，以及大量的食物、水和其他必需品。

圖5-1　假賭場隱藏著巨大的地下建築超級秘密地鐵……：梯隊廣場的故事
https://www.thelivingmoon.com/47john_lear/02files/Echelon_Fake_Casino_Site.html

在過去的20年裡，18名輪式卡車司機報告說，他們曾將整車貨物運送到位於全國各地的地下區域，這些貨物在嚴密的警衛下卸貨。這些卡車司機聲稱，這些卸貨區在全國有多達50個秘密入口。他們報告說，他們宣誓保密，並被要求簽署安全誓言，其中闡明如果他們披露行動的任何部分，將受到包括監禁甚至死亡的處罰。

一名也是飛行員的雜貨司機注意到，其中一個地下設施位於他定期飛入和飛出的機場附近的山中。他還注意到這座山已被從航空圖中刪除。他推測可能是某個負責安全的軍事白痴下令如此做。軍事白癡不曾意識到在惡劣天氣下山的位置和高度對航空作業的重要性。

派烏特台地的大型工廠僱傭了二千多名員工，並且在過去幾年中增加的安全性與51區所需的安全性相同或更嚴格。換句話說，在這個秘密基地工作的人，無論是通過托諾帕試驗場（Tonopah Test Range）、水星（Mercury）或格魯姆湖（Groom Lake）進入，還是從拉斯維加斯乘坐磁浮地鐵進入和離開，都要進行眼部掃描、面部識別、掌紋和其他檢查等高度機密的識別方法。

為了保守內華達試驗場的秘密，當局每天需要從拉斯維加斯增派二千多名工人。但他們有一個大問題：如何在沒有人知道秘密基地存在的情況下每天讓二千人往返拉斯維加斯？他們不能使用麥卡倫（McCarran）國際機場的額外波音737，因為他們無法證明額外增加二千名工人的合理性。他們不能用公交車上班，因為運輸時間太長了。

所以他們所做的是建造一條行駛高速磁懸浮地鐵的地下隧道，從盧克索（Luxor）地下到百樂宮（Bellagio），然後直達秘密基地。行程大約需要21分鐘。由於巨大的地下停車場，他們不得不停在百樂宮的地下。工人將車停在那裡，然後通過一個秘密入口進入酒店，然後前往一個隱藏的入口，在那裡他們乘坐秘密電梯下地鐵。為了從全新的特種作戰終端到達盧克索下方的地下終端，他們乘坐交通工具並在那裡登上磁浮。

為了秘密建造這條地鐵，他們必須確保許多英畝的空地。他們利用之前被星塵（Stardust）佔據的土地，建造了一個假冒的賭場，如同上文所說的它叫做梯隊廣場。假賭場旨在隱藏其施工區域，而不致曝露於來自拉斯維加斯大道（Las Vegas Blvd）、沙漠旅館路（Desert Inn Road）和工業路（Industrial Road）上的汽車和路人眼底。

他們建造了梯隊廣場的框架，如此大規模的施工項目就完全不曾被公眾所知了。他們的做法是在地上工作完成後推說賭場老闆沒錢了，於是停止梯隊廣場的建設，等待有人買下原來是名勝世界（Resorts World）的物業。不幸的是，由於這家業務只是一個幌子，他們可能沒有費心地將其以代碼代替，名勝世界的真相將被發現。在梯隊廣場框架上工作的工人每天都被告知，如果他們在建築區偷看，他們就會受到拿著高功率步槍的中央情報局神槍手射殺。

二〇〇四年四月十一日星期日凌晨2點，正在百樂宮地下擴建地鐵站的挖掘機不小心撞到百樂宮主電網。一次徹底的停電使百樂宮的業務中斷了整整3天。金銀島（Treasure Island）和蒙特卡洛（Monte Carlo）的供電也中斷了。沒有人能弄清楚是什麼導致了停電，其真正原因是隧道掘進機在百樂宮底下切割到電纜。停電事件的詳細信息，可參閱谷歌搜索「Bellagio Blackout 2004」。

當然，這是「影子政府」歷史上最大的情報災難。秘密政府因為需要內華達電力公司的專業知識來恢復供電，他們不得不通知對方說是因自己不小心造成了電力故障。為此他們必須產生和簽署許多「意外披露」表格。百樂宮的東主肯定會為他們在停電的3天裡損失的巨額資金求取補償。秘密政府如何設法將這一切保密，且做到了保密，實在難以理解。

最後約翰．李爾還在其網路文章中提供了秘密地鐵施工期間梯隊廣場的平面圖和2張航拍照片。他還發布了幾張與這個大規模建設項目有關的照片，包括內華達試驗場的地圖、桑迪亞空軍基地的示意圖、其他秘密基地的可能位置，及可能貫穿內華達州的秘密地鐵路線。

影子政府變得如此龐大和強大，以至於他們認為自己凌駕於法律之上。它們是如此之大和如此強大，以至於最近由它們在軌道上運行的直接能量武器造成的颶風和北加州火災，促成了34人死亡，五千七百座建築物被燒毀，並燒毀了超過二十萬英畝的土地，但他們卻不負任何責任。

以上「影子政府」的詮釋，源自於布蘭頓認為，顯然有兩個「國家」佔領了美國，一個是由開國元勳建立並由「選民」政府領導的傳統草根「美國」，另一個是法西斯（影子政府）的「地下國家」，它是在自己的土地上與原來的「美國」競爭的企業政府。一些人預測，美國選民／憲法／地表政府與類人動物 - 蜥蜴爬蟲類聯合企業／國家 - 全球社會主義／地下新世界秩序（NWO）政府之間不可避免的內戰。順便說一句，後者（地下國家）這些東西是由美國納稅人和其他令人討厭的賺錢項目購進和支付的。

這場戰爭顯然會引發武裝聯合國或是新世界秩序對美國的入侵，根據喬治華盛頓一七七七年在福吉谷（Valley Forge）的著名「遠見」，這場戰爭最終將以美國的勝利作為神聖干預的結果而告終。

如果要在這個世界及其他世界保留自由，這樣的事情可能是不可避免的。然而，我們永遠不應該忘記，新世界秩序企業精英和他們的德科拉人主人打算「減少」這個星球的表面以及地下系統的人口。

據一位海軍情報來源稱，第三十三學位共濟會（33rd degree Masons）成員打算讓左翼洞穴和右翼洞穴相互對抗，以減少地下領域的人口，以便他們可以對「兩者」世界施加絕對的巴伐利亞-天龍式全球控制。[24]

關於共濟會的最後目的，布蘭頓進一步解釋說：共濟會世界的大部分最終都由巴伐利亞小屋支持的第三十三學位蘇格蘭共濟會儀式所控制，根據早期共濟會權威李博德（Rebold）的說法，該「儀式」可以追溯到巴黎克萊蒙（Clermont）的耶穌會（JESUIT）學院。這種儀式主張破壞國家主權以換取世界政府，破壞宗教運動，尤其是猶太-基督教運動，並破壞家庭結構而以「國家」對兒童等的控制來取代。以上這個問題也是基於前第三十三學位共濟會詹姆斯·肖（James Shaw）的說法，即位於「聖殿之家」的蘇格蘭儀式總部（位於華盛頓特區五角星狀街道佈局的北端）以壁畫、雕刻、雕像等形式充斥著各種對蛇的崇拜跡象，它描繪各種蛇形人物。[25]

以上布蘭頓關於共濟會與兩個「國家」的詮釋固然驚世駭俗，但約翰·李爾所敘的故事則更震撼人心，他說二千餘名工人進行地下隧道開挖之事，竟能靠著一紙保密協議及靈巧的幕後運作（包括將敏感地點從航空航海圖中刪除），使得秘密儘量不外泄。雖然如此，但最終還是有一個人知悉了內情，且將它發佈了出來。下文出場的托馬斯·卡斯特羅，他即將曝光的事情更令人驚駭與不可置信。

5.5　地下高速公路網

托馬斯的說詞最震撼人心之處是，道西地下基地不過是美國龐大地下穿梭網絡的一個站點，而其餘的站點則遍佈全國，它們縱橫交錯，就像一條無盡的地下高速公路（見圖5-2）。這條高速公路依靠電動機驅動卡車、汽車和公共汽車在鋪砌的道路上行駛，而且它的行程有限。貨物和乘客還有另一種運輸方式，即快速旅行（按：應是指利用星際門）。該全球網絡稱為次全球系統（Sub-Global System）。它在每個國家的入境處都有檢查站。有穿梭管（shuttle tube）以超過音速的令人難以置信的速度射出火車，美國的每個州都有穿梭管。通常，入口是軍事基地的複雜門戶。新墨西哥州和亞利桑那州的入口數量最多，其次是加利福尼亞州、蒙大拿州、愛達荷州、科羅拉多州、賓夕法尼亞州、堪薩斯州、阿肯色州和密蘇里州。在所有的州中佛羅里達州和北達科他州，其入口數量最少。懷俄明州有一條直接通向地下高速公路的道路。這條道路如今不再使用，但如果他們（指影子政府）決定這樣做，他們可以最低的成本重新啟用它。這條路位於布魯克斯湖（Brooks Lake）附近。

阿丘萊塔山（Mt. Archuleta）的「穿梭系統」與據稱從加利福尼亞北部的沙斯塔山（Mt. Shasta）輻射而出的的穿梭系統相連。[26]阿丘萊塔山是外星人—長者種族（Elder Race）—爬蟲種族—人類會議

圖 5-2　據稱來自道西基地的地下連接地圖
https://www.linkedin.com/pulse/phil-schneider-his-mental-illness-ssi-norio-hayakawa
Norio HayakawaFollow Published on December 24, 2015

的主要場所。從斯蒂芬・格羅弗・克利夫蘭總統（President Grover Cleveland；一九九五—一八八九及一八九三—一八九七）開始，美國歷史上的每一位總統都曾到訪過特洛斯市（Telos City）。杜魯門應該是作為地球上的高級執政官身份訪問了下界（Lower Realms）。他應該在那裡遇到了世界之王，並給了他「進入美國的鑰匙」。[27]

南加州科羅拉多沙漠的巧克力山（Chocolate Mts.）有幾個礦山通向基地高速公路，但請注意，該處會定期巡邏，並且那裡有攝影機。[28]

連接從道西—51區—洛斯阿拉莫斯與其他地方的地下穿梭系統，唯一的英文標誌是在地鐵穿梭站走廊上，上面寫著「去洛斯阿拉莫斯。」（to Los Alomas）它連接從道西到亞利桑那州佩奇（Page）的設施，然後到內華達州51區下方的地下基地。

地鐵穿梭巴士往返於道西和新墨西哥州陶斯（Taos）下方的設施；新墨西哥州達蒂爾（Datil）；科羅拉多州科羅拉多斯普林斯（Colorado Springs）；科羅拉多州克里德（Creed）；桑迪亞（Sandia），然後前往新墨西哥州的卡爾斯巴德（Carlsbad）。美國地下似乎有一個龐大的地鐵穿梭連接網絡，它延伸到全球隧道和子城市系統。[29]

上文提到的穿梭管，其形成概況說明如下：在一九八三年九月發行的「OMNI」第80頁中，有一幅地底鑽進機器——「地下」（THE SUBTERRENE）的彩色繪圖，這是一部洛斯阿拉莫斯核動力隧道鑽進機器，它是在很深地下通過加熱鑽穿任何地下深層岩石的隧道機器，因此其鑽頭永遠處在熔岩（岩漿）區，在「地下」機器繼續前進後熔岩冷卻，形成地下管道。這些管道可被電磁驅動的穿梭車（Subshuttle Vehicles）以極快的速度行駛。它們連接著號稱「隱藏帝國」的子城市綜合體（Sub-City

Complexes）。此外，代號為諾亞方舟（Noah's Ark）的絕密項目使用穿梭巴士（Tube-Shuttles）與地球上不同地方的100多個「地堡」（Bunkers）和「螺栓孔」（Bolt Holes）系統相連。許多這些地下城市都有街道、人行道、湖泊、小型電動汽車、公寓、辦公室和商場。而這些穿梭巴士系統被稱為泛美地下次穿梭系統（Transamerican Underground Sub-shuttle System）。[30]

當問到猶他州有基地嗎？托馬斯回答，鹽湖（Salt Lake）、鮑威爾湖地區（Lake Powell Area）、黑暗峽谷（Dark Canyon）、道格威球場（Dougway Grounds）、摩德納（Modena）、佛納爾（Vernal）等處都有基地出口，其他地方也有。[31]

關於猶他州的地下基地，布蘭頓提到一些有趣線索，他說連接內華達州和新墨西哥州地下系統的巨大網絡存在有兩個版本的說法，而兩者都可能是真的。其中一個版本說法如下：摩門教聖殿的工作人員穿過鹽湖城市中心廣場下方的地下隧道，穿過一系列地下墓穴走了一段距離，直到碰到一個像蜥蜴一樣的人。該生物試圖攻擊他，但該男子成功逃脫並設法返回地表。他開始告訴其他人發生了什麼事，不久之後『政府人員』到達該地區，進入地下並關閉了許多通往聖殿地下室的隧道。

另一個版本的說法涉及一名管理員，他進入了十字路口購物中心下方電影院區附近的一條隧道，穿過馬路，從寺廟廣場到大峽谷，當時購物中心的那部分正進行挖掘。他進了隧道，沒多久就遇到了一個蛇形男子，他匆匆撤退，把所見所聞告訴了同事。聯邦調查局和／或當地警察很快到達並封鎖了隧道。

另一個故事涉及一個年輕人，他和一個朋友在購物中心和廣場附近的區域，使用綁在其卡車上的鏈條去扯開一個井蓋。他們穿過地下迷宮般的下水道，來到一個豎井，該豎井往下分為一系列5個小房間，從底部房間一條隧道向南通向一個大房間，在那裡他們看到一個看似無底的豎井，一個朝西南方向的大隧道，燈火通明，還有某種三趾雙足動物的腳印。[32]

布蘭頓雖然提出以上數種傳說，但並無證據證實傳說的真實性。至於從以上訪問中托馬斯的證詞有沒有證據可以證實地下基地的指控，或者我們只是應該相信他？他的回答如下：

「很多人都問過這個問題。首先，不要指望人們盲目相信，有很多人已經看到，感覺到或檢查過一些切實證據。……還有其他證據。在五個不同位置的五個不同盒子裡有五套副本，這些副本擁有我試圖解釋的每一件事的完整證據。」（每個盒子的內容列表交付給只有托馬斯．卡斯特羅知道的五個人和個人收件人保管——布蘭頓）：

原始資料密封在一件無氧重型塑料盒中，該資料包括：[33]

(1) 27張 8×10的外星人、生物、籠子和大桶的原始底片。

(2) 一段無聲的錄影帶以及複製錄影帶的原始微膠卷，從電腦庫開始，顯示大桶、噩夢大廳的多張照片、灰人的兩張照片、一張顯示「To Los Alamos」標誌的終端鏡頭以及大約30秒的穿梭列車到達錄像。

(3) 25頁原始圖表（帶符號）、公式、外星裝備示意圖以及閃光槍和托馬斯的閃光槍示意圖。

(4) 一份有羅納德．里根（Ronald Reagan）簽名的條約副本加上其他七個政治人物簽名和四個外星人簽名的條約副本。

(5) 有當時任加州州長的羅納德．里根簽署的2頁外星人文件原件，每一頁都有里根的簽名。

從以上陳述知，道西地下基地涉及了太多不讓外人知的機密，它的超高安全性是為了確保公眾不知道以下內容：

(1)外星人（或所謂的「外星人」）是真實存在的，爬蟲類和灰人外星人與美國政府僱員並肩工作

(2)美國擁有這種快速旅行和核地下隧道的技術

(3)美國意識到男人、女人和兒童被綁架，並進行違背他們意願的實驗

(4)人類（男人、女人和兒童）被關在地下的籠子裡

(5)政府創造了動物與人類雜交種，以及外星人與人類雜交種

(6)政府（艾森豪威爾總統）與外星人達成協議，他們可以用人類作為食物，並用人類的基因做殘酷的實驗與受精（impregnation），以換取我們防禦和控制人口的技術

(7)古代文物證實，外星人和先進的技術從一開始就存在於地球上

除了基地本身的超高安全防範措施外，一般人類工人不敢對外界或自己的家人講述道西的一切，其常見的原因是被植入物、對家庭受傷害的恐懼威脅、電磁控制、用極低頻（ELF）重新編程和下藥等都是威脅工人不要洩露位置或日常工作的最常見方法。[34]

道西安全人員所佩戴的武器除了閃光槍外，最常用的是一種聲波設備。每個燈具（和大多數攝像機）都內置了此種設備，它可以在幾秒鐘內使一個人失去知覺，卻不會發出任何聲音。在道西，還有VCR攝像機、眼印（eye print）、手印（hand print）站、體重監測器、雷射器、極低頻（ELF）和電磁（EM）設備、熱傳感器和運動探測器以及許多其他方法。你不可能深入基地。如果你到達第二層，你會在十五英尺內被發現。很有可能，你會成為一名囚犯，再也見不到地表世界的陽光。如果幸運的話，你會被重新編程（re-programmed），而成為統治階級的無數間諜之一。[35]

道西戰爭與一九七八年的一個叛亂組織有關，他們揭露了道西非法和不道德的人體實驗的真相。抵抗發生在一九七九年末，引發了一場戰鬥。由於內部起義，許多科學家和軍事人員被屠殺。人員傷亡範圍從66人到82人不等，死亡人數高達132名外星人。

據稱，一些叛亂人員於一九七九年逃離了該設施。其中一名逃犯據稱在躲藏之前準備了一系列筆記、照片和錄影帶，並委託給五名受託人。他選擇了對包裹內容所知甚少的非技術受託人。大約每六個月，他就會與他們聯繫。他的指示是，如果他連續四次沒有接觸，受託人可以對材料做任何他們想做的事情。這些材料被稱為《道西論文》（The Dulce Papers）。

基地的部分地區因戰鬥而暫時關閉，直到一九八〇年代中期，已經確定了人類和動物綁架（需要血液和其他部分）的顯著下降之後才重開。利弗莫爾・伯克萊實驗室（Livermore–Berkeley Labs）隨後開始為道西生產人造血液。[36]

許多人對道西基地內的叛亂行動是如何發動的頗感不解，原因是基地內的工作人員其構成複雜，有人類也有外星人。光是人類其膚色也各不相同，如此複雜的種族背景如何能形成共同的叛亂組織？

註解

1. Dulce Base. https://ufo.fandom.com/wiki/Dulce_Base
2. Bruce Walton (aka Branton), Interview With Thomas Castello – Dulce Security Guard. Op. cit., p.133
3. Ibid.
4. Beckley, Timothy Green, Sean Casteel, Tim R. Swartz, etc., Dulce Warriors: Aliens Battle For Earth’s

Domination, Inner Light/Global Communications, New Brunswick, NJ., 2021, pp.65-66

5. 轉述自“Dulce and Other Underground Bases and Tunnels.” By William Hamilton III. In Timothy Green Beckley, Sean Casteel, Tim R. Swartz, Dulce Warriors: Aliens Battle for Earth’s Domination. Inner Light/Global Communications (New Brunswick, NJ), 2021, p.245
6. Bruce Walton (aka Branton), Interview With Thomas Castello – Dulce Security Guard. Op. cit., p.115
7. Ibid., pp.109-110
8. The Dulce Base, by Jason Bishop III.
http://www.whale.to/b/dulce5.html
9. 轉引自 Michael E. Salla，The Dulce Report: Investigating Alleged Human Rights Abuses at a Joint US Government-Extraterrestrial Base at Dulce, New Mexico.
https://exopolitics.org/archived/Dulce-Report.htm
Accessed 6/28/19
10. Carlson, Gil, 2013. Blue Planet Project: The Encyclopedia of Alien Life Forms, Wicket Wolf Press, p.38
11. 轉述自“Dulce and Other Underground Bases and Tunnels.” By William Hamilton III. In Timothy Green Beckley, Sean Casteel, Tim R. Swartz, Dulce Warriors: Aliens Battle for Earth’s Domination. Inner Light/Global Communications (New Brunswick, NJ), 2021, pp.245–246
12. “The Dulce Base” by Jason Bishop III. In Timothy Green Beckley, et. al., 2021, op. cit., p.57
13. Ibid., p.61-62

14. Carlson, Gil. Secrets of the Dulce Base: Alien Underground, Wicked Wolf Press, 2014, p.64
15. Ibid., pp.22-24
16. Interview With Thomas Castello Dulce Security Guard by Bruce Walton 〔aka Branton〕In Beckley, Timothy Green, Christa Tilton, Sean Casteel, Jim McCampbell, Dr. Michael E. Salla, Leslie Gunter, Bruce Walton. Underground Alien Bio Lab At Dulce: The Bennewitz UFO Papers. Global Communications (New Brunswick, NJ). 2009, p.95
17. Ibid., p.96
18. Carlson, Gil. The Yellow Book. Blue Planet Project Book #22, eBook, 2018, pp.85-87.
19. Interview With Thomas Castello Dulce Security Guard, op. cit., pp.110-111
20. Ibid., p.108
21. Ibid., p.108
22. Ibid., p.109
23. John Lear, Fake Casino Hides Massive Underground Construction of Super Secret Subway... ·· The Echelon Story.
https://www.thelivingmoon.com/47john_lear/02files/Echelon_Fake_Casino_Site.html
Accessed on 5/5/2019
24. Interview With Thomas Castello – Dulce Security Guard by Bruce Walton 〔aka Branton〕, op. cit., pp.102–103

25. Ibid., p.104
26. Ibid., pp.101-102
27. Ibid., p.102
28. Ibid., p.129
29. "The Dulce Base" by Jason Bishop III. In Timothy Green Beckley, Sean Casteel, Tim R. Swartz, Dulce Warriors: Aliens Battle for Earth's Domination. Inner Light/Global Communications (New Brunswick, NJ), 2021, p.244
30. Interview With Thomas Castello – Dulce Security Guard by Bruce Walton 〔aka Branton〕, op. cit., pp.95-97
31. Ibid., p.97
32. Ibid., pp.97-101
33. Ibid., p.116
34. Ibid., pp.114-115
35. Ibid., p.125
36. Dulce Base, https://ufo.fandom.com/wiki/Dulce_Base

第⑥章 抵抗組織——實力不對等的營救行動

在一九七八年，一小群工人發現了道西設施第6層的真相。這開始了「道西戰爭」的序幕，基地內成立了一個秘密抵抗陣線，此時道西基地有超過一萬八千名「外星人」。一九七九年末，發生了一場雙方持用武器對抗，許多科學家和軍事人員被殺事件。基地關閉了一段時間，（它目前又恢復活動狀態）。人類和動物綁架（主要利用他們的血液和其他部分）事件在一九八〇年代中期放緩，原因是當時利弗莫爾伯克利實驗室開始為道西設施生產人造血液。

威廉庫珀（William Cooper）說：「發生了一場衝突，我們那些來自國家偵察組（National Recon Group）與三角洲（DELTA）集團的人，他們負責所有外星人連接項目安全的工作，總共有66人被殺。』[1]

6.1 道西基地內部抵抗運動的形成

托馬斯偶爾會看到一些可怕的基因創造物，它們被安置在基地的不同地方。他知道，這些人就算與精神疾病或健康研究沒有任何關係，托馬斯也不想再看下去了。每次他發現這個地下迷宮的駭人真相越多，他就越難以接受。然而，儘管他多次驚恐地想轉身離開，但好奇心卻促使自己一再去尋找真相。

一天，有一名員工走近托馬斯，將他領到側廳。在這裡，有另外兩個人靠近他，他們低聲說著最可怕的話，話語中提到，包括被稱為智障的男人、女人和兒童實際上是被下了大量鎮靜劑的綁架受害者。這兩人警告他，如果他把他們交出來，他們的言行可能會給他們本身帶來大麻煩。這時，其中一名男子告訴托馬斯，他們都在觀察他，並注意到他對自己所看到的事情也感到「不舒服」，他們知道托馬斯有良心，也知道他們有一個朋友。

他們是對的，托馬斯沒有把他們交出去。相反，他做出了一個危險的決定，在一個綽號為「噩夢大廳」的區域與其中一個被關在籠子裡的人類悄悄交談。根據籠中人的藥物誘導狀態，他詢問了他的名字和其家鄉。托馬斯在周末離開設施時，謹慎地調查了這個「瘋人」的說法。他通過搜索發現，這個人突然消失後在他的家鄉被宣布失蹤，留下了其飽受創傷的家人，他們無處尋找，只有發傳單。很快，他發現數百甚至數千名男人、女人和兒童中的許多人實際上被列為失蹤或無法解釋的失蹤。托馬斯知道他的腦子不管用了，他的幾個同事也一樣。直到情況不知何故發生變化之前，他唯一能做的，就是保持警惕與極其謹慎地思考。灰人外星人的心靈感應能力使他們能夠「閱讀」周圍人的思想，如果他表現出強烈的憤怒，他和他的新朋友就完了。

道西設施顯然不是通常的醫院類型的工作地點。托馬斯每天在電梯裡都被對講機提醒，「本場地進行高危醫療和藥物檢測來治療瘋狂症，請不要與囚犯說話，它可能會摧毀多年來的辛勞」。不知何故噩夢大廳內一個男人引起了他的注意。這個人說他是喬治（George S.），還說他一直被綁架，他確信有人正在尋找他。托馬斯不知道為什麼喬治一直在他的腦海裡。下一個週末，托馬斯說服他的一位警察朋友，去查核喬治，其理由是說他倆吵架了，因而對對方很好奇。除此，托馬斯根本不提基地。當電腦記錄確認喬治失蹤時，這是一種令人作嘔、果不其然的感覺。更糟糕的是，警察認為他只是另一個厭倦了日常生活鎖事的人，因而離家出走。到了週一，托馬斯尋找喬治，但他不見了。沒有記錄解釋他發生了何事。（註：顯然這個查尋動作引起道西當局警覺）

另一位安保人員來向托馬斯說，他和一些實驗室工作人員希望在其中一條隧道舉行下班會議。好奇心驅使下，托馬斯說好。那天晚上，大約有九個人出席了。他們說他們知道自己雖冒著被上交的風險，但他們想展示一些他們認為托馬斯應該看到的東西。接著他們一一展示了證明許多囚犯失蹤的記錄。這些紀錄其中有剪報，甚至還有一些照片，這些他們不知是如何走私到基地的。他們希望把這些偷帶進來的東西運出去，而不是由托馬斯把它們交給其老闆。當他們說話時，托馬斯可以看到他們臉上的恐懼。一名男子表示，他寧可因嘗試而失去生命，也不願因什麼都不做而失去靈魂。正是這句話扭轉了局勢，托馬斯告訴他們關於喬治的事情。幾個小時後，包括托馬斯在內的所有出席人一起承諾，嘗試揭露道西基地無法無天的勾當。[2]

在形勢發生某種變化之前，托馬斯所能做的，就是保持警惕，極度警惕自己的思想，祈求外星人沒有發現他

一些爬蟲類清潔工告訴托馬斯等人，他們知道一些人正試圖破壞第六和第七層正在進行的工作。其中一個名叫沙哈爾（Sshhaal）的爬蟲人清潔工，秘密組建了一小群與托馬斯團隊想法相同的爬蟲小

組，這兩個組織彼此秘密地互通聲氣。很多人可能好奇，人類與外星人間彼此如何溝通？原來外星人在道西說的通用語言叫做「優舒」（Eusshu）。托馬斯是如何學習優舒的？在他第一次轉到道西後不久，他參加了優舒速成課程。任何計劃在該基地工作一周以上的人，學習基礎語言都是明智之舉。否則，他需要等待護送人員陪伴才能四處走動。該基地的所有標誌都是用普遍認可的符號語言寫成的。優舒邏輯清晰，易於學習。[3]

沙哈爾是一個在偶然的情況下、遇到的一個思想不同的爬蟲人，他承擔了通知托馬斯訊息的風險。在托馬斯發現沙哈爾真實想法的那天，他正在檢查出口隧道附近的監視器。沙哈爾走近，彎下腰，似乎在刮一些不存在的泥土，然後輕聲說道：「我們中的一些人一致認為，你對失蹤人口報導的興趣是非凡的。如果是真的，你先走開。我會聯繫到你的。如果是假的，現在就殺了我！」托馬斯的心幾乎要跳出胸膛，但他還是默默地走向了其中一個寬闊的大廳。在他的餘生中，他會記住這些話。這是他第一次知道爬行動物可能有個人的想法和意見。基本上，他們形成了一個志同道合的統一陣線。或者至少，托馬斯一夥人是這麼想的。

過了幾天托馬斯才再次聽到沙哈爾的消息。當時他在臭名昭著的第六層大廳裡走到托馬斯身邊，後者聽到沙哈爾說「輪班後進入六樓北側的出口隧道。」接下來的幾個小時很長，充滿了背叛的想法，或者更糟。托馬斯聯繫了最初的九名人類抵抗者之一，讓他知道情況，以防萬一。這名被通知的抵抗者名叫戈登・恩納利（Gordon Ennery），他想和托馬斯一起去，但托馬斯說服他在離出口幾英尺遠的地方等著，假裝他的推車有問題。當托馬斯到達那裡時，已有三個先到了，他們是沙哈爾及之前他曾向托馬斯介紹過的法沙哈（Fahsshaa）和華姆斯夏（Huamsshaa）兩爬蟲人。托馬斯迅速從大廳裡叫住了戈登，他們五個人在黑暗的隧道中交談了大約三個小時。

那天之後，加入的抵抗小組變得越大，行事也更大膽。最終，當通過出口隧道發起軍事攻擊時（註：依我的理解，應是基地外的抵抗組織先發起攻擊，然而因基地內外的抵抗組織並無聯繫，也互不知對方，故在交火中才有誤殺基地內抵抗組織的事情發生），行動被瓦解了，當局處決了他們名單上的人物，無論他們是人類還是爬行動物。

抵抗組織進行了反擊，但工作的種姓都沒有武器，人類實驗室的工作人員也沒有。只有安全部隊和少數電腦工作者有閃光槍。這是一場屠殺。每個人都在尖叫並逃命，大廳和隧道擠滿了人。抵抗小組認為是基地當局召喚來的三角洲部隊（因為他們身上的制服和使用的方法）選擇在換班時刻進行攻擊，他們殺死了其名單上的許多人。[4]

如果問，究竟是什麼原因引起了道西戰爭？布蘭頓認為，至少有五個重疊因素，場景或多或少同時發生或相互影響。這可能還涉及到MJ–12內部的利益衝突，及顯然涉及不同的安全部隊，包括三角洲部隊、黑色貝雷帽、空軍藍色貝雷帽、特勤局、ＦＢＩ五局（Division Five）、ＣＡＩ衝鋒隊、道西基地的安全部門。正如前MJ–12特別研究小組特工邁克爾·沃爾夫博士所描述的那樣，似乎影響道西戰爭的各種因素也包括人類對灰人的敵意，因為灰人四年前（一九七五）在51區的格魯姆湖戰爭中屠殺了幾名科學家和安全人員。

托馬斯說，直到接受布蘭頓採訪時，他們仍然不知道是誰出賣了他們，戈登在他們跑進第三層出口隧道時就跑在他身邊，幾顆子彈擊中戈登的背部，他死了。托馬斯用手中的閃光槍氣化了那個殺手後繼續奔跑。[5]

6.2 性奴隸與人類奶牛

【本節除有特別註明外，其內容主要摘自註解6】

我們正在離開如石油等消耗性資源的時代，未來的力量是可再生的資源以及「生物」工程。道西基因研究最初是以「黑預算」保密的姿態得到資助。他們對「智能類人生物」感興趣，也在從事危險的原子（鈽plutonium）火箭和飛碟實驗。

美國政府通過一個在洛斯阿拉莫斯世界生物遺傳研究中心的完善過程，克隆了像人類的小號類人生物。現在我們有了自己的一次性奴隸種族。就像外星人「小灰人」（EBES）的做法般，美國政府秘密讓女性受孕，三個月後取出雜交胎兒，然後加速他們在實驗室的成長，然後是灌輸生物遺傳（DNA操作）編程，它們被「植入」，並通過射頻（Radio Frequency，簡稱RF）傳輸進行遠端控制。許多人類也被「植入」了大腦收發器。這些植入物充當心靈感應「通道」和遙測大腦操作設備。網絡由國防高級研究計劃局（Advanced Research Project Agency，簡稱DARPA）建立。其中兩個程序是，分別是無線電催眠腦間控制（Radio-Hypnotic Intercerebral Control，簡稱RHIC）和電子記憶瓦（Electronic Dissolution of Memory，簡稱EDOM）。插入大腦的收發器則通過鼻子進入頭部。

以上提到的生物技術（特別是克隆有關技術）其開發的源頭可以追溯到道西地下實驗室，正如卡斯特羅聲稱的，道西的不同項目涉及ET技術的逆向工程、精神控制方法的開發、以及涉及克隆人類和創造人類—ET雜種的基因實驗。在蒙托克（Montauk）、長島（Long Island）和布魯克海文（Brookhaven）實驗室都有進行了類似的項目，並成為許多其他舉報人證詞的主題。[7]

道西戰役阻止外星繁殖計劃使用成千上萬的年輕女性。據稱，政府（秘密政府）科學家與一支外星力量一起工作，其目的是將普通民眾置於終極極權控制之下，最後使人類轉變成只不過是用於繁殖的農場動物。「自由意志」對於法西斯社會或警察國家來說是危險的！此種「自由意志」主張的堅持實是讓一群人佔據道德制高點，主動攻擊道西設施的重要原因。

所有這一切都始於一九四七年由哈利・杜魯門總統（President Harry Truman）簽署的一項條約，該條約啟動了一項計劃，其中精英們獲得外星人的技術秘密，以換取允許外星人綁架人類受試者進行惡魔般的研究。[8]隨著時間的推移，精英在外星人的最終控制下將被允許生存，成為人類綿羊的霸主，就像在人類農場看羊的狗一樣。

位於新墨西哥州道西附近吉卡利・亞阿帕奇（Jicarilla Apache）印第安人保留地阿丘萊塔台地下方近兩英里處，是一個高度機密的地方，它的存在成為世界上最受保護的地區之一。這裡有地球上第一個主要的美國政府／外星生物遺傳學聯合實驗室。其他類似的實驗室存在於科羅拉多州、內華達州和亞利桑那州，更不用說在阿富汗和俄羅斯等其他一些地方了，但道西是最大的實驗室。

在一個軍事單位的主要負責人，仍然是將年輕女性（潛在母親）視為需要保護的一代人的時代，在得知成千上萬的年輕女性被綁架，甚至被克隆等，其目的是讓外星人用作性奴隸後，這種情形看在一些軍事負責人眼裡豈能再忍。

事情的轉折點出現在一九七七年六月十四日當國家安全顧問茲比格涅夫・布里辛斯基博士（Dr. Zbigniew Brzezinski）在白宮會見了吉米・卡特總統之際，當時有其他一些「情報人員和領導人」，提供了一些絕密計劃讓總統了解，這些計劃包括「水瓶座計劃」（Project Aquarius），以及在道西、51

區和其他秘密基地進行的工作。

布里辛斯基是支持「灰人」事業的權力精英中的一員，他沒想到總統會如此震驚，以至於他很快就向軍事情報界值得信賴的軍事顧問尋求如何阻止已經發生的事情。自一九五〇年代中期成立以來，國家安全局（ＮＳＡ）一直在暗中與外星人、為外星人工作、或與外星人一起工作的人類作戰。水瓶座計劃最初於一九五三年根據艾森豪威爾總統的命令成立，由ＮＳＣ和MJ-12控制。

一九六六年，該項目的名稱從格萊姆計劃（Project Gleam）更改為水瓶座計劃，並且其中的一部分進入了深度隱藏，甚至對ＣＩＡ和ＮＳＣ（國安會）也隱藏了。那時，美國國家安全局（ＮＳＡ）已經對公眾開放，其中

・「X部門」：識別和研究所有可能對美國或整個人類構成威脅的外星人或敵人行動的部門。

・「Z部門」：「反應」和「消除」對美國或人類的任何威脅的行動部門。

根據吉米・卡特總統簽署的總統秘密命令，美國國家安全局的Z部門、新成立的三角洲部隊（Delta Force）以及一個特別挑選的美國空軍特種作戰司令部（AFSOC）、海軍海豹突擊隊（Navy SEAL）和陸軍遊騎兵隊（Army Rangers）被組織起來執行一項如此秘密的任務，直到襲擊當晚指揮人員才被告知事情的經過。唯一知道這是什麼「攻擊小組」的是參與國家安全局Z部門領導人，他們多年來一直參與和外星人的戰鬥。

這次襲擊的指揮官正是馬克・理查茲上尉（Captain M. Richards），他是綽號「荷蘭人」小埃利斯・洛伊德・理查茲少校（Major Ellis Loyd Richards, Jr.）的兒子，自一九六六年切斯特・尼米茲海軍上將（Admiral Chester W. Nimitz）去世以來，他一直擔任國際安全（International Security，簡稱ＩＳ）的

指揮官。到一九七八年，美國國家安全局X部門警告人類指揮官在道西開始的新計劃非常可怕，即使是經驗豐富的戰爭人員也感到震驚。

數以千計的年輕人類女性於試管中被「創造」出來，成為外星人的性奴隸。但事實證明，這些克隆人並不能讓外星人滿意，因為她們不像曾經的受害者那樣「受苦」。這些生命形式可以被設計成能夠提供更好感受的性工具，但事實證明她們幾乎都是「無意識的」，因此無法像普通年輕女性那樣對「恐懼」做出反應。

出於這個原因，雖然克隆計劃將繼續進行，但已決定加強綁架計劃，強制「短期」襲擊，到一九八〇年預期增加到每年十萬人以上，並且將擴大到有人數超過七萬五千人「長期」受害者（他們會一直終生待在那裡）的地下設施。

道西實驗室通過世界上最大和最先進的洛斯阿拉莫斯生物遺傳設施的完善過程，開始克隆人類女性。那些從陰影中操縱世界政府的精英人類很快就會有一個可支配的奴隸種族，她們某些身體部位被醫學剔除（medical culling），目的是外星人自己變態快樂的追尋。

來自EDH檔案（Earth Defense Headquarters Archives）：「道西訪談：WC-289487346-80」提到：

「第7層級更糟……就像變態ET的妓院。人類女性被帶到那裡進行『實驗』，但你無法讓我相信其中的大部分不僅僅是讓灰人的虐待狂得到快感。他們不僅會讓女孩懷孕，還會對她們進行數小時的性折磨。當然有科學程序，但也有一些狂歡，一些漂亮的人類女性會被送給大量的灰人，僅僅是為了進行一場殘酷的輪姦。這種做法是不變的。數以百計的灰人和其他似乎是灰人朋友的物種每週都會來來去去，除了與提供的人類女性發生性關係外，沒有其他明確的原因」。

當被綁架的人類女性在違背她們意願的情況下孕育出亞人類和其他生物的真相被證實時，美國軍方和情報機構內部成立了一個秘密抵抗組織。政府不同意與「天外人」達成的交易。

許多這些勇敢的人類會被暗殺，或「死於神秘環境」，或以其他方式被沉默。但在一九七九年，他們取得了一場讓灰人付出代價的勝利，而支持灰人的人類則付出了慘痛的代價。據報導，一九六四年在霍洛曼（空軍基地）與外星人會面的空軍情報官員是傳奇的「荷蘭人」，小埃利斯・洛伊德・理查茲。據報導，他是在一九七九年下令襲擊道西設施的同一個人，他的兒子馬克・理查茲上尉將領導人類對該設施的襲擊。

當人們調查軍事情報機構或「僅限眼睛」（Eyes-Only）的絕密機構——「國際安全」（International Security）內，所有涉足二戰到冷戰時期參與的任何絕密項目時，「理查茲」的名字一次又一次地出現。

一九七〇年代後期，Majestic-12 內部形成了政治爭論，當時軍方與情報人員反對與某些外星人進行交易，僅僅是謀取數千個光明會（Illuminati）或「羅馬俱樂部」（Club of Rome）等團體的私利，而以犧牲成千上萬的無辜者為代價（就算不是全人類為代價），如此促成了內部裂痕，導致一九七九年對道西設施採取軍事行動。後來在道西戰鬥報告中，EDH 檔案：「道西訪談；WC-289487346-80」寫道：

「這將是爬行動物（天龍族）之一，他教了幾名參與襲擊道西的人一些訊息豐富的要點，首先讓他們更深入地了解設施中正在做的事情，然後幫助他們更好地理解敵人，以及如何打敗他們。」

事實上，正是這個爬行動物傳達了許多外星來源組織的許多反人類陰謀的事實依據，並且（其中一些）已經證明了他們願意在爭奪人類事業的鬥爭中幫助人類事業，例如一九七六年的中亞，以及一九七九年八月的地球太空防禦外星入侵者事件。這也是（他們）警告過細菌等生命形式對外星人和人類的危險。

一九七九年，道西設施中有37種外星種族。其中只有6種族擁有自己的空間或維度旅行能力，而其他種族則是灰人的客人。所有作為灰人客人而來基地的種族都在那裡進行了人類的遺傳和生殖實驗，其中8種族也對將人類作為食物來源感興趣。在那些對生殖實驗感興趣的種族中，有25個種族可以享受與人類女性的直接性交（儘管有些人需要提前對女性進行特殊的激素治療），而且該設施顯然以作為性快感場所而聞名。當然，並不是所有的爬蟲類生物都對人類友好。

根據李爾等人的說法，美國政府可能早在一九三三年就與一個非人類種族簽訂了「協議」。根據一些人的說法，這個「種族」不是人類，但聲稱它起源於地球。一些消息來源稱，這種掠奪性種族屬於新蜥蜴類。這導致其他人提出，在史前時代統治地球表面的恐龍可能並沒有像人們普遍認為的那樣完全滅絕，但該種族中某些更聰明和兩足類人猿的突變種發展了一種智力形式，他們被認為等於或超過（布蘭頓提到，在某些方面——特別是他們的「集體思維」矩陣——）人類。

然後該理論表明，這個種族中的一些人進入了太空，但返回時卻發現他們家鄉星球上的創始人（即原生恐龍）沒有倖存下來。（注意：在表面上，也就是說，有幾份報告稱，在世界各地的深層地下天然洞穴系統中遇到了爬行動物類人生物，而隨著時間的推移，太空爬行動物了解到這些事情——布蘭頓）

很快就提出了許多事實；例如，據古生物學家稱，據說已滅絕的蜥科種族——棘爪龍（Stenonychosaurus）的一個分支或突變體在外觀上非常原始，身高3½至4½英尺，皮膚可能呈灰綠色，手上有三指爪子，有部分對生拇指（相對的拇指允許手指抓住和處理物體，是靈長類動物的特徵）。

對生拇指和智力是唯一阻止動物王國成員挑戰人類作為地球主人的因素。例如，猿人擁有對生的拇指，但它不具備像人類那樣使用它們的智力能力。海豚擁有接近人類的智力，但沒有相對生的拇指，甚至沒有建造房屋所需的四肢等。棘爪龍的顱骨容量幾乎是人類的兩倍，這表明它具有龐大、先進但不一定仁慈的智力。

根據布拉德．斯泰格（Brad Steiger）、瓦爾．瓦萊里安（Val Valerian）、塔爾．萊韋斯克（TAL LeVesque）及其他研究人員的說法，它們實際上可能與「ＵＦＯ」遭遇中最常見的一種或多種實體，以及一九九二年初在全國放映的ＣＢＳ節目「入侵者」是相同類型的實體。

根據李爾的說法，政府可能已經與這個（爬蟲類）種族簽訂了「條約」，後來他們驚恐地了解到，這個種族本質上是極其惡毒的，只是利用「條約」來爭取時間，而他們有條不紊地建立對人類進行某些控制，最終目標是絕對統治。

大多數人永遠不會承認像道西這樣的基地可能容納數十種「類型」和「種族」的ＥＴ之事實，如果將其交給公眾，就會淪為傳說中的東西。多年來掩蓋外星人威脅的工作直到一九七九年效果都很好，正常人不會承認看到外星人，因為害怕被稱為瘋子。襲擊發生時道西的外星人類型和種族仍然存在疑問，許多種族不想承認他們參與了一九七九年發生的事情。

許多受害者發現綁架他們的人只不過是野蠻的野獸。研究人員的綁架案例書中充滿了許多惡意和敵意的事件。不幸的是，大多數遭受這些更卑鄙攻擊的受害者沒有機會向任何人類當局報告該事件，原因是他們消失了，並成為全國越來越多的「失蹤人員」中的一個統計數字。

到了一九七〇年代初，這些失蹤人員的數量（主要是年輕的白人女性）正在上升。雖然不同描述的超人類力量對人類的綁架似乎在世界範圍內遵循相同的機制，但很明顯，年輕的白人女性是最常見的受害者，如果被綁架者倖存下來，他們幾乎不會得到支持。

在道西更受控制的環境中，研究人員沒有披露關於幹細胞（stem cell）和克隆研究問題。數百名健康年輕女性的受精卵可以不斷地「收穫」（harvested），用於無限的胚胎和幹細胞研究，「殺死」無數的人類胚胎以尋找從治療方法到地球細菌引起的外星人皮膚感染，到如何更好地創造一個由克隆工人生物組成的亞人類奴隸種族。[9]

此類研究還轉移到其他危險領域，例如「增強」人類成為能夠滿足其他外星人需求的生物。「攻擊者」在巨大的圍欄裡發現的更令人震驚的事件之一是，隨著對母乳和生殖系統的需求增長，人類女性被「增強」成具有繁殖能力的「奶牛」，數以百計的年輕女性因此被「改變」，成了不過比奶牛多一點的動物。

哇塞！人類的母親，人類的妻子，與人類的女兒竟成了灰人及其同夥性交的玩伴及其創造下一代雜種人（hybrids）的生殖工具，是孰可忍，孰不可忍，勿怪基地內外的抵抗組織不約而同，紛紛揭竿而起，而一場由部份正義之士主導，反抗外星人及其附庸者的軍事衝突即將爆發，

註解

1. Norio Hayakawa, "Meanwhile, Back at the (Abandoned) Ranch". Civilian Intelligence News Service, March 28, 2021, In Beckley, Timothy Green, Sean Casteel, Tim R. Swartz, etc., Dulce Warriors:

Aliens Battle For Earth's Domination, Inner Light/Global Communications, New Brunswick, NJ., 2021, p.63

2. Bruce Walton (aka Branton), Interview With Thomas Castello – Dulce Security Guard. In Beekley, Timothy Green, Christa Tilton, Sean Casteel, Jim McCampbell, Dr. Michael E. Salla, Leslie Gunter, Bruce Walton.

Underground Alien Bio Lab At Dulce: The Bennewitz UFO Papers. Global Communications (New Brunswick, NJ). 2009, pp.109-110

3. Bruce Walton (aka Branton), Interview With Thomas Castello – Dulce Security Guard. Op. cit., p122.

4. Ibid., pp.111-112

5. Ibid., pp.112-113

6. The Battle at Dulce. E.D.H. (Earth Defense Headquarters) Technical Brief. Winter - 2001 Edited by Captain Mark Richards, Published by – Earth Defense Headquarters

http://www.edhca.org/Condensed and re-edited by 'BRANTON' with the permission of E.D.H.

https://www.bibliotecapleyades.net/offlimits/offlimits_dulce08.htm

Accessed 6/26/19

Note, this is a greatly condensed version of the 'DULCE BATTLE' Report…

The full 166 pages version of this – and other E.D.H. Research Reports – are available at http://www.edhca.org/12.html

7. Michael E. Salla，The Dulce Report: Investigating Alleged Human Rights Abuses at a Joint US Government-Extraterrestrial Base at Dulce, New Mexico.
https://exopolitics.org/archived/Dulce-Report.htm
Accessed 6/28/19

8. 筆者按：我找不到一九四七年由哈利・杜魯門總統簽署的涉外星「條約」的資訊，但至少一九五四年由艾森豪威爾總統簽署的《格雷達條約》卻是有較多資訊可尋的。

9. 卵子收穫是體外受精（IVF）過程的重要組成部分。在體外受精的背景下，取卵通常是指取卵的過程。科學上，這個過程被稱為經陰道取卵，意思是通過陰道取卵。在此過程中，收集卵以進行進一步的受精程序。
NOVA IVF, https://www.novaivffertility.com/fertility-help/egg-harvesting/

第⑦章 道西戰爭——遲來的正義

提到人類與外星人的戰爭，前道西基地安全官托馬斯．卡斯特羅在訪談時說，戰爭已經開始了。首先，他們使用可以在數小時內使城市癱瘓的「天氣控制」設備，如風暴、洪水和乾旱等，用這幾件災難可以讓任何國家迅速屈服。[1]

灰人具有「讀心術」，如果你跟在灰人後面，他們能夠閱讀你的意圖，因為他們使用了你身體的頻率。人類思想是一種他們認為是電磁脈衝的頻率。每個人的頻率略有不同，這種差異就是我們所說的「個性」。當一個人思考時，他們會發出強烈的脈衝，在「恐懼」的情況下，頻率「顯著」且易於識別（同樣，冷靜和沈著的心態應該更難「識別」）。

我們可以保護自己免受他們的侵害，但是95％的人類從不試圖控制他們的思想，而控制自己的思想是最好的武器。一般人很少出現清晰的模式思考，這會讓大腦以一種混亂的方式思考。控制你的思想，你就可以保護自己免受他們的精神控制，換句話說，你可以阻止外星人試圖綁架和控制你。

但灰人本身也有其弱點，例如灰人對光是敏感的，任何強光都會傷害他們的眼睛。他們會避開陽光，在夜間旅行。相機閃光燈也會迫使他們後退，因此相機可以用作對付他們的武器。雖然他們適應得很快，但它可以為你贏得足夠的逃跑時間。使用命令或命令形式的無意義的詞，灰人會後退（原因可能是這些無意義的詞缺乏邏輯性，而這將會延遲灰人行動）。他們的大腦比我們的更合乎邏輯，而且他們不會創造「樂趣」。他們也不懂詩。真正讓他們感到困惑的是用「豬拉丁語」（指拉丁語聽起來像豬叫般無意義）說話。我們很快就知道了這一點，並在道西戰爭中用它來對付他們。[2]

戰爭的型態固然可以是如托馬斯所描繪的，但也可能是火力對火力，就如本章所描述。

7.1 攻擊武力的組建歷程

首次聽說到的美國人與外星人之間的衝突是發生在一九七五年五月一日。當時在內華達州的一次技術交流中，一個小型外星人反物質反應堆的示範正在進行之際，灰人領導要求負責守衛外星人的三角洲部隊的上校領導，將所有步槍和子彈從房間內移走，以使能量排放之際他們不會被意外放電所傷。警衛們拒絕了，在隨後的騷動中，一名警衛向灰人開槍。這次事件中共有1名外星人、2名科學家和41名軍人被殺。一名被允許活著的警衛事後作證說，灰人使用定向精神能量進行自衛，並因此殺死攻擊的三角洲部隊成員。（註：此證詞說明，外星人不須手持實質武器即能反擊）沃爾夫博士說，這一事件結束了美國軍方與灰人的某些交流。[3]此外，這次進行反物質反應堆示範的外星人似乎是埃本人，而爬蟲人則擔任基地中所有外星人的領導。（沃爾夫博士的來歷見《外星人傳奇首部》§ 2.4）

美國軍方與外星人的軍事衝突還有另一樁，其發生時間不清楚。據沃爾夫博士的講述，「地面上有一個外星人從新澤西州迪克斯堡（Fort Dix）旅行到附近的麥圭爾空軍基地（McGuire AFB），不知何故在那裡他竟然死於停機坪上。」[4]據說道西基地（詳細介紹見前文）在一九七五年之後（發生時間約在一九七九年末）也發生了一次涉及數十人死亡的戰鬥，該事件須要雙方的高層進行干預，才能防止局勢進一步惡化。

政治學家邁克爾·巴昆（Michael Barkun）聲稱，冷戰期間建造的地下導彈裝置引發了無數謠言，最終導致了道西外星人洞穴基地的傳說。然而，一九九九年，法國政府發表了一份研究報告，得出結論認為美國政府隱瞞了UFO存在的證據。這篇論文的題目是《不明飛行物與國防：我們必須準備什麼？》。

道西基地的來由可以上溯至一九五四年下半年艾森豪威爾政府與外星人簽署的《格雷達條約》（見《外星生活大傳奇》§3.6），該條約未經參院批准，故是不合法的。不僅如此，條約的其中一些條款也違憲，例如其中一條款規定，外星人可以在有限及定期的基礎上綁架人類和牲畜，以進行醫學實驗，遭受綁架的人們將不會受到傷害，且事後會被送返被綁架者的原地點，而對此事不會有任何記憶，外星人將定期向MJ-12提供所有人類接觸與被綁架者名單。與此事相對應的是，美國將提供外星人住宿和實驗的秘密設施。灰人因此被提供了道西附近的地下基地，而一些灰人後來則被帶到51區S-4設施及內華達州印第安斯普林斯（Indian Springs）的一處地下基地。

在基地的地下設施中，人類和外星科學家彼此合作和交換訊息，外星大使也在那裏分配了宿舍，而更邪惡的是，其中一些基地（目前仍然如此）被用來關押遭綁架者。事實上，人類與地下基地的外星人其合作過程並不順利，由於爬蟲人與人類之間存在著文化差異，因此經常出現緊張情勢。不止一次人類士兵在進入設施的禁區後被捕或失蹤。在道西設施，事情變得無法控制，爬蟲人最終拒絕讓人類進入基地的較底層。

然而，引爆地下基地發生流血衝突事件的真正原因是，一段時間後國家安全局（NSA）發現了令他們震驚的事情。首先，發生的綁架事件遠多於被列入名單的綁架事件，其中一些被綁架者沒有被歸還。其次，他們發現其中一些女性被綁架者被關押在道西基地的第7層級中，她們被迫與爬行動物和部分人類發生性關係。而且，在道西基地外星人對人類進行了一些相當可怕的生物學實驗。

事實證明，許多外星種族都認為地球上的女性是非常可取的。爬蟲人不僅可以與女性人類發生性關係，而且還可以使她們懷孕，其後代將成為雜種（hybrids），他們一部分是爬蟲人，一部分是人類。（註：我不理解為何不同物種的精卵子可以完成配種）這種情報使NSA的人員大為惱火。國家安全局創建了兩個非常秘密的組織，即國家安全局X部門和Z部門。情報部門X的任務是密切注意外星人的狀況，而Z部門則是行動部門。

卡特總統就職後，在被簡要介紹了局勢之後，他對道西基地的局勢感到非常生氣。他要國安局Z部門負責解決發生在道西基地的問題。準將哈里．阿德霍特（Brigadier General Harry C. Aderholt）在一九七九年九月和十月組織了入侵道西基地的武力。馬克．理查茲上尉（Captain Mark Richards）[5]被選中領導由空軍特種作戰司令部，海豹突擊隊，三角洲部隊和陸軍遊騎兵組成的攻擊小組。馬克．理查茲才在一九七九年八月捲入了一些入侵的爬行動物與空軍太空司令部之間的太空戰，並以勝利收尾，他非常有資格擔任這一職務。

攻擊計劃是去癱瘓基地的主要發電機，並釋放盡可能多的囚犯。五角大樓的參謀長聯席會議對此一無所知。這項行動的資金來自德克薩斯州商人羅斯．佩羅（Ross Perot），及中央情報局及軍事情報局老特工埃德溫·威爾遜（Edwin P. Wilson）與龐大的黑行動基金，它長期以來一直被馬克·理查茲上尉的父親——國際安全（I S）負責人小理查茲少校隱匿。

與貝泰（Bechtel）公司一起參與道西基地建設的約翰·錢伯斯（John V. Chambers）為攻擊小組提供了許多可被攻擊的基地弱點。一些爬蟲人對某些人類細菌有致命的敏感性問題，例如花粉症可能對他們造成致命性。他們需要在其居住的層級使用特殊的過濾器，以將這些細菌拒之門外。因此，對抗爬蟲人的一種策略是癱瘓這些過濾器系統。

以下軍事行動的詳細內容主要摘自註解6，參戰與牽涉人員名錄的個人較詳細經歷則是筆者加入：

以癱瘓主發電機為主軸來擬定攻擊計劃，然後儘可能地造成破壞，同時盡可能多地釋放受害者的想法在一九七九年秋天開始成形。而該年8月在美國空軍太空司令部的武力和一個外星人入侵武力之間的太空戰之後，美國空軍的哈里·阿德霍爾特准將成為為入侵道西設施而成立的組織領導人。

在德克薩斯州商人羅斯·佩羅、中央情報局與DIA特工埃德溫·威爾遜以及長期隱匿的大規模黑行動基金（由小理查茲少校主導）資助下，該計劃在一個由情報官員及其支持者組成的小圈圈中迅速推進。

哈里·阿德霍爾特準將在一九七九年九月和十月召集了一個團隊，這個團隊會讓任何領頭的指揮官感到自豪，並且可能會讓任何輕藐的敵人感到恐懼。

當時駐紮在萊文沃思堡（Fort Leavenworth）的羅傑·唐倫上校（Colonel Roger H.C. Donlon）將領導一支來自新成立的三角洲部隊（Delta Force）的大量人員、海軍海豹突擊隊（SEALS）和美國空軍特種作戰司令部（USAF Special Operations Command，簡稱 AFSOC）的作戰小組。

飛行團隊由宇航員科學家卡爾・戈登・海尼茲（Karl Gordon Henize）負責組織，其中包括最優秀的戰鬥和試飛員，接受過特種作戰訓練，或者可以指望保持沉默的人，這包括在（一九七九年）八月發生的太空戰鬥中，從傷病中康復的龍中隊（Dragon Squadron）指揮馬克・理查茲上尉，他獲得了飛行團隊指揮權。

雖然所涉武裝人員的確切人數仍然受到嚴格的保密，以至於似乎沒有確切人數的記錄，但知道這次行動真相的人仍然有幾百人之多。行動的中心顯然位於美國空軍太空司令部，由國際安全負責人小埃利斯・理查茲少校負責。美國總統、聯合國秘書長和參謀長聯席會議（JCS）主席從未被告知即將進行的行動。此外，在這次行動中，參與襲擊的人類和外星人並沒有上級部門的命令或許可。當然，那些與外星人作戰的人違背了人類精英的意願。（注意：根據一些消息來源，如大衛・艾克（David Icke）和其他人，其中許多人甚至可能是人類形態的爬行動物變形者——布蘭頓）

雖然上文提到美國總統從未被告知即將進行的行動，但在卡西迪的監獄採訪中，理查茲上尉對卡特總統知情與否有明確的答案。卡西迪寫道：「他（指理查茲上尉）同意我（指卡西迪）的看法。他說他們是卡特派來的，在此之前，我向他詢問了艾森豪威爾的情況，以及那裡的證人在談論他們如何在艾森豪威爾政府期間準備入侵的情形。他說艾森豪威爾希望這個地方遭到核彈襲擊。事實上，核武器是他們進行戰鬥的選項之一。」[7]

根據從道西地下基地傳出的可怕故事，受打擊最嚴重的人之一是威廉・倫道夫・萊瑟斯（William Randolph Leathers）。他出生於密蘇里州聖路易斯（St. Louis）。一九四一年畢業於耶魯大學，曾在

O.S.S. 作為二戰期間的一名上尉，在戰爭的大部分時間裡，於馬里蘭州阿伯丁（Aberdeen）教授地圖閱讀。他是一九四五年襲擊德國在阿富汗秘密軍事設施的絕密特遣隊成員之一，從那時起，他一直是荷蘭人的密友。一九六七年他搬到加州馬林縣的格林布雷（Greenbrae），加入ＩＳ總部團隊成員，他的掩護身份是作為約翰．漢考克人壽保險公司（John Hancock Life Insurance Co.）的僱員。

萊瑟斯上尉於一九七一年失去妻子，並因自己的原因與幾位設施內受害者的丈夫和父親（他有四個自己的孩子）熟識（萊瑟斯上尉於二〇〇一年十月二十二日去世，享年83歲）。萊瑟斯努力分析國家偵察局（National Reconnaissance Office，簡稱ＮＲＯ）衛星照片、U2和SR-71照片以及該地區的軍事地圖，後來發現並標記了所有通往道西基地的主要道路。他將會親自帶領一支突擊隊，在進攻中積極投身。一九七八年時年60歲的萊瑟斯上尉將成為突擊隊中最年長的成員，大多數部隊將來自三個來源：

- 三角洲部隊
- 美國空軍特種作戰司令部
- ＮＳＡ部門「Z」

美國陸軍第一特種部隊行動分遣隊（1st SFOD-D）又稱為三角洲部隊，它是美國政府負責在美國境外反恐行動的兩個主要單位之一（另一個是海軍特種作戰發展小組，更廣為人知的名稱是海豹（SEAL）突擊隊）。它是由美國陸軍上校查爾斯．貝克威斯（Charles Beckwith）於一九七七年十一月十九日創建，以直接應對一九七〇年代發生的眾多廣為人知的恐怖事件。從一開始，三角洲部隊就深受英國ＳＡＳ的影響，這是貝克維斯上校與該英國部隊進行為期一年（一九六二—一九六三年）

的交流之旅所獲成果。

布拉格（Bragg）的三角洲部隊已經被認為是世界上最好的特種作戰訓練武力。在襲擊道西之後，ＣＱＢ室內訓練場將被賦予一個不祥的綽號——「恐怖之屋」，以紀念那些無法被記住的事情。最重要的是，三角洲部隊有自己的直升機隊（航空排）。直升機塗有民用顏色和假註冊號碼，它可以與三角洲操作員一起部署並安裝槍吊艙以提供空中支援和運輸，同時不容易從地面上被發現它是作為「軍事」單位。

這些空中單位在將三角洲操作員運送到幾個地點以強行進入該設施後，將與國家安全局「Ｚ—小組」一起作為對主要登陸港（landing port）進行攻擊的空中支援。空軍特種作戰司令部（AFSOC）將負責佔領和控制主要的「登陸港」。AFSOC「操作員」的工作是迅速將給定的一片敵對地形變成一個功能齊全的機場。有時這意味著摩托車和全地形車（all-terrain vehicle，簡稱ＡＴＶ）的秘密攻擊。其他時候，這意味著以任何必要的方式清除敵對勢力。在未來幾年，AFSOC特種戰術（Special Tactics，簡稱ＳＴ）作戰控制員可能會使用特種作戰部隊雷射標記（Special Operations Forces Laser Marker，簡稱SOFLAM）來創建一個雷射制導炸彈可以瞄準並壓制敵人的位置；但在一九七九年，他們不得不用人力來做到這一點。

執行多樣化的工作需要多樣化的作戰裝備。空軍ＳＴ操作員攜帶各種輕武器，包括帶有消音器的M9-9毫米手槍，雷明頓（Remington）870-12-ga霰彈槍、M203獨立40毫米榴彈發射器、M4A1特殊操作奇特改裝（Special Operations Peculiar Modification，簡稱SOPMOD）五．五六毫米卡賓槍和M249 5.56小隊自動武器（Squad Automatic Weapon，簡稱ＳＡＷ）。

通過在戰術上廣泛使用夜視裝備，空軍特種作戰司令部的空降能力由位於佛羅里達州赫爾伯特機場（Hurlburt Field）的第16特種作戰聯隊和英國皇家空軍米爾登霍爾（Mildenhall）的特種作戰大隊提供。這些部隊是小埃利斯．理查茲少校和其他像他一樣的人長期以來的願景，而道西戰役將是它們首次完全被用於戰鬥。

由於進入道西設施的特殊問題，正常的直升機攻擊是行不通的。儘管這些戰鬥人員受過良好的訓練，但試圖降落到設施的機庫區域簡直就是自殺。道西登陸港的設立是為了接受灰人用於從行星到軌道接收點的「輕型飛行器」和其他質量加速器光束（Mass Accelerator Beam，簡稱MAB）乘客。

這些飛行器產生磁流體動力（magneto-hydrodynamic）推力，由微波和脈衝雷射驅動，將經典的「飛碟」加速到50公里的高度，並且加速度很容易達到軌道速度。這使得人類風格的重型化學火箭成為一種昂貴的愚蠢行為，而且這飛碟允許外星人以相對較低的成本隨意進行地球到軌道間的旅行。

飛行器還為人類部隊提供了進入設施的途徑。由於軌道站的基礎設施是用於反射隱藏在月球暗面的太陽能發電站的能量，因此有多種方法可以跟蹤這樣一艘船。輕型飛行器將微波能量集中起來，形成一個「空氣尖峰」，使迎面而來的空氣偏轉，使得它可以被跟蹤。車輛輪輞上的電極將空氣電離並構成了推力創生系統的一部分，這一切可以通過實時攝像機（甚至近距離的人眼）看到。

這不會是一個簡單的噱頭。如果有任何物體離設施的門太近，該區域周圍的傳感器就會發出警報。因此，規劃是在主港口的門為進來的輕型飛船打開時，其中一個攻擊小組將進入設施。更不用說警告任何靠得太近的空中或太空飛行器的操作員了。對於比大型直升機更大的任何東西來說，它的嘴（即設施門）太小了，但是在基地防禦系統關閉之前，直升機會因速度太慢而無法到達門口。

而一旦進入港區，任何攻擊力量都可能被基地防御者壓制，除非使用的任何飛船都可以攜帶大量重型自動武器，並可同時一次性降落大量攻擊人員。灰人對人類軍事庫存中不存在這樣的飛船感到非常滿意。甚至爬行動物也沒有一艘可以在所有要求的條件下使用的飛船，在它到達港口之前不久就會被發現。他們沒想到的是人類有一架，單一的實驗飛機，它仍然如此機密，以至於它從未被列入任何庫存清單。

X-22 由貝爾公司製造，是一種「研究」型飛機，具有一些有趣的能力。它是第一架成功的 V/STOL 可變穩定係統（Variable Stability System，簡稱 VSS）飛機，這種機翼、噴氣式飛機和巨大的導管式道具的奇怪組合可能並不漂亮，但它非常適合道西攻擊部隊的任務需求。[8]

由於時間不夠，唯一有能力在這種戰鬥條件下駕駛 X-22 的人是馬克・理查茲上尉。因此，他被選為第三支戰鬥突擊隊（Combat Assault Team Three，簡稱 CAT-3）的指揮官，負責攻擊主要登陸港，並保持足夠長的時間讓其他團隊降落常規直升機，並在攻擊結束時疏散 CAT 和受害者。

根據記錄，理查茲上尉在將 X-22 投入戰鬥之前駕駛它的時間不超過12小時。

在組織和訓練攻擊小組的同時，攻擊本身是由負責這種情況的人策劃的，他們選擇了目標和替代方案，這包括在載人攻擊失敗的情況下的核選項。宇航員大衛・格里格斯（David Griggs）被選中與 CAT-3 一起嘗試「搶劫」一艘外星飛船，而宇航員羅納德・歐文・麥克奈爾（Ronald Ervin McNair）則作為理查茲的副駕駛和「雷射武器專家」進入地下基地（事實上他空手道黑帶的經歷在事件結束前也非常有幫助）。

宇航員埃里森・鬼塚（Ellison S. Onizuka）中校（美國空軍）和斯圖爾特・艾倫・羅薩（Stuart

Allen Roosa）上校（美國空軍）也以 CAT-3 成員的身份進入地下基地，收集訊息，並希望乘坐外星飛船或裝備逃離，羅薩上校指揮物資採購團隊（Material Acquisition Team，簡稱 MAT）。當然，除非攻擊計劃奏效，否則他們的努力都沒有價值。

為了確保成功，美國國家安全局內幾個絕密部門的全部訊息收集能力都在道西身上展開。事實是從廣泛的來源收集的，包括從報紙上列出的目擊事件到對幫助建造該設施的人員之採訪。

約翰・錢伯斯是加州肯特菲爾德（Kentfield）的居民，他的工作生涯是在大型工程建設項目的管理和財務方面度過的，錢伯斯曾參與貝泰在道西的工作和其他絕密政府項目，他將和參與攻擊道西的部隊聯繫，並被說服幫助後者。錢伯斯將會提到道西系統中的一些弱點，這將使攻擊有更大的成功機會，事實指出，後來正是錢伯斯指出了外星人的主要弱點，才使攻擊行動順利完成。

看來外星人有理由擔心在設施外發現的一些細菌，而且一些外星人非常容易感染一些人類傳播的疾病。在大多數情況下人類和其他哺乳動物已經開發出應對地球上無處不在的病菌和細菌的方法，它們可能對外星人及其生命形式構成巨大威脅。

地球上的灰塵或隨風飄揚的細菌對於那些沒有抵抗力的生命形式可能是致命的。人類所說的「花粉熱」對於那些在地球富含氧氣的大氣中感到「呼吸」困難的生物來說同樣是致命的。人們很快意識到，如果可以禁用那些使外星人更容易接受地球「空氣」的過濾器，那麼許多敵人很快就會生病而無法繼續戰鬥，並且可能會有大量外星人當場死亡！

再次，由於時間不夠，一旦 CAT-3 控制了該目標區域，鬼塚中校即承擔了額外的職責，他在主著陸港內領導一個輔助小組，負責禁用著陸區旁邊的中央空氣過濾器交換裝置。他帶著一貫的微笑為他的團隊創造了過濾器突擊隊（ＦＡＴ）的稱號。

隨著情報收集的擴大，一些令人震驚的事實被揭露出來。一九四七年，荷蘭人與伯德海軍少將（Rear Admiral Byrd）一起參與了對南極最後一個納粹基地的襲擊。[9]現在，他和其他人將更佳地理解，從納粹的時代到現代精英人類與外星人的聯繫。這包括幫助外星人在地球上建立秘密基地（包括南極基地和道西的設施），幫助綁架年輕女性以滿足外星人研究和娛樂需求，以及增加更多的污染行星大氣導致全球變暖並使地球對外星生命形式更加友好。最令人震驚的發現之一是外星地下基地和運輸網絡的範圍。雖然人們期待地鐵列車，但建造的龐大基地甚至讓最見多識廣的軍官也感到震驚。

這些基地現在變得更加重要的原因是人類反抗部隊必須迅速找出每個可能對道西襲擊做出反應的基地的位置，以及他們可能需要多長時間才能派出救援部隊。另一個問題是，

· 他們一般會如何反應？

· 他們是否會以比每年簡單地綁架幾千名女性更致命的方式攻擊人類？

最後很明顯，外星人由於意圖的分歧，在其各群體之間幾乎沒有組織。就像廢墟中的許多拼貼畫一樣，在大多數情況下，他們只對自己的小前哨和研究感興趣。至於參加此次攻擊任務的普通人，為了保護那些還活著的人（截至二〇〇一年，還活著的人已經不多了），以及那些仍然參與一項或另一項軍事服務的人，大多數人的名字將被避免提及。

美國空軍特種作戰司令部和三角洲部隊的人員是地球上任何地方訓練有素的戰士，他們已經做好迎接挑戰的充分準備，即使他們進入設施後無法發現任何東西，他們仍然做好準備。關於這些人，有一些一般的事情需要了解。

如果一個人的自尊心很脆弱，需要不斷的積極強化，那麼在任何組織中的職業生涯都絕對不適合這個人。考慮在射擊館舉行的典型三角洲部隊訓練演習，假人恐怖分子在那裡劫持了一名真正的「志願者」人質。目標是在不傷害人質的情況下消滅恐怖分子，人質恰好是三角洲部隊的實習生。當然，對於特殊任務，「恐怖分子」人體模型可以用「灰人」外星人模型代替。

指揮軍士長埃里克．哈尼少校（Major Eric L. Haney）曾在一九七八年參加三角洲部隊精英團體的組建，在那裡參加了一些最初的任務和艱苦的訓練。哈尼在他二〇〇一年出版的《三角洲部隊內部：美國精英反恐單位的故事》（Inside Delta Force: The Story of America's Elite Counter-terrorist Unit）一書中寫道：

「在接下來的十分鐘內，門會被炸開，我的四個同學會使用我們學到的近距離戰鬥技術襲擊房間。子彈會在整個房間傾瀉，有人會在距離我的頭幾英寸的範圍內發射實彈。如果他們錯過了一個恐怖分子或誤打了我，團隊就會在這個階段的訓練中失敗，我真誠地希望他們通過考試。」

當然，只有成功完成了艱苦的訓練，最終在北卡羅來納州陡峭的山脈上背上一個50磅的背包和一把機槍，進行了40英里崎嶇的徒步旅行，才能參加這次攻擊行動。

哈尼對18小時的身心耐力測試的描述是他敘述中許多出色的敘事亮點之一。哈尼是一名陸軍遊騎兵，當他被選中為精英部隊試訓時，他是163人中達到三角洲部隊操作員級別的12人之一。哈尼在書中寫道：

「我們像游擊隊或者恐怖分子一樣運作。因為現實是，為了成為反恐專家，我們必須首先成為專家恐怖分子。」

雖然哈尼沒有提到道西任務，但他確實提到了營救在德黑蘭被扣為人質的美國人的失敗，其中8名美國軍人喪生。其他任務包括一些世界上最艱難的地方，例如一九八一年被派系撕裂的美國大使館貝魯特保衛戰；平息中美洲的叛亂，包括在格林納達（Grenada）與古巴游擊隊作戰；並保護大使、總統、首席執行官、名人囚犯和上述所有人的後代。這不是在不殺人的情況下完成的，哈尼詳細描述了這項令人不寒而慄的任務。

像道西襲擊事件中的大多數人一樣，哈尼是你在街頭鬥毆中想要他站在你這邊的那種人：熟練、聰明、紀律嚴明，但不信任某些權威人物的動機，尤其是按資歷攀登的上校和官僚等。

7.2 吹響攻擊號角

在貝克威斯、萊瑟斯和唐隆等率領三支陸戰隊 CATs 的協助下，空軍特種作戰司令部的士兵將在一個大多數人從未在其旁邊戰鬥過，但大多數人都聽說過的人的指揮下發起進攻。

現在，針對道西的任務，他們由荷蘭人的兒子指揮，他在黑行動圈中本身就是一個傳奇。兩件事是毋庸置疑的：年輕的理查茲已經在戰鬥中證明了自己，而且他從來沒有要求他的手下做任何他沒有準備好的事情，也沒有留下任何未做之事。雖然他的任務幾乎一直是絕密以致沒有人知道細節，但任何知情人士都清楚謠言和證據線索。

在他的典型指揮動作中，當他坐在 X-22 上，他的部隊準備起飛執行在許多人看來是他們的最後一次任務時，他向他的手下背誦了禱告與詩歌「我是突擊隊」：

「我面前的突擊隊員兄弟，我能夠以空軍特種作戰司令部的一員踏入歷史而引以自豪。」

當他給X-22通電，並下令讓直升機跟隨時，他將這架奇怪的傾轉旋翼飛機在一個狂野的高速坡道跑道上推到其飛行極限，以給仍在地面上的部隊留下深刻印象，及為使命定下基調。

耳機和揚聲器裡首先傳來他的聲音，然後是與他一起乘坐X-22的團隊成員的聲音，他們唱著空軍的讚美詩，「向上走，進入狂野的藍色那邊……」

一名美國空軍直升機飛行員說：「如果我們其他人不跟在他們後面，我們就不能很好地讓那幫人砸開地獄之門。」

時機就是一切，X-22以超過250英里／小時的速度在沙漠上空飛過CAT-3的第一波，它的旋翼管（rotor tubes）底部有時與岩石的距離不到20英尺。當CAT-1和CAT-2進入地下幾層的貨運穿梭系統，及預期的敵方船隻著陸時，X-22的團隊成員（即CAT-3）不得不在主登陸港著陸，CAT-4將與一個來自進水口的海豹突擊隊進行聯合攻擊，因為主隊擊中了一個小的支持艙口，這將使他們能夠打開另一個艙口讓海豹突擊隊進入。然而，一切都圍繞著CAT-3攻擊主登陸港的成功展開，從那裡他們必須拆除主安全控制室和從那裡控制的「聲波」武器系統。

X-22按計劃進入，以超過200英里／小時的速度飛越荒地，當時它離沙灘不到20英尺。在它身後五英里處，是由駕駛重型空軍直升機的主要突擊部隊跟隨。時機必須是完美的，這取決於大型圓盤狀飛行器的及時到達，該飛行器是已知預期來自太空的貨運穿梭機。

正如觀察到的那樣，主著陸端口「覆蓋式」全息投影儀被關閉，入口「防爆門」為著陸航天飛機打開。

目擊者說，理查茲把X-22拉得太緊以至於它的起落架沒有接觸到移動圓盤的頂部，尚差幾英寸，他隨著圓盤的移動降低了咆哮的飛行器高度，直到他清除了上部支撐樑系統。然後X-22在航天飛機的側面展開射擊，以此來阻擋著登陸港主砲架的任何攻擊。當X-22降落在主要港口控制設施的屋頂上時，它發射了地獄火火箭，粉碎了港口較近一側的兩個槍泡（gun blisters）結構。

這次襲擊是教科書式的，CAT-3部隊在X-22突破港口後的55秒內炸開了控制塔的入口並完全控制了該設施。懸停後，X-22繼續使用其火箭和槍支在港口區域掃蕩任何敵方武器，在空軍開始進入敞開的艙門之前讓敵方武器沉默。

正是來自加州聖拉斐爾（San Rafael）的泰德．科克倫（Ted Cochran），在越南衝突最激烈時刻，他曾在西貢的HH-43哈士奇（Huskies）擔任空軍直升機救援指揮官。自18歲起獲得飛行員執照，科克倫還曾在歐洲空軍服役，在那裡他參與了在西班牙帕洛馬雷斯（Palomares）找回丟失的熱核武器的工作。在他從美國空軍合法退休之前的最後一次直升機任務中，他是一九六九年首次登月後阿波羅9號任務的回收部隊的一員。回到加州，一九七二年他獲得斯坦福大學傳播學碩士學位，成為知名電影製片人。

作為一名水手、戶外運動者和飛行員，科克倫將他的熱情與事業結合在一起，讓他能夠與電影觀眾分享他的冒險經歷。他最著名的電影是《賞金之島》（Island of the Bounty），講述了一次國際航海探險，追踪了一七八九年著名的HMS Bounty叛變者前往南太平洋皮特凱恩島（Pitcairn Island）的路線。

在39歲時，科克倫正處於巔峰時期，並且非常願意接受在道西任務等事件中作為直升機飛行員的幫助請求。他是理查茲家族的老朋友，這一事實似乎也與他的參與有關。事實上，有傳言說他曾教荷蘭人如何駕駛大型HH-43哈士奇，並曾多次與荷蘭人的兒子一起執行黑行動任務。他是最早被考慮為是此次道西任務中擔任飛行員的人選之一。

科克倫首先帶領美國空軍特種作戰司令部的直升機進入，將它們快速引入並將其停置在大廳的大地板上，在那裡，部隊可以在他們跑向附近的乘客入口艙口時獲得附近的掩護。看到敵方著陸盤（landing disk）正在試圖逃跑，理查茲在它的邊緣著陸，將 X-22 的支柱踢成完全向下吃水狀態，幾乎翻轉了著陸盤。

為了重新獲得對 X-22 的控制權，理查茲被迫在附近的一個停機坪上硬著陸，又向敵方的航天飛機發射了四枚火箭，迫使航天飛機撞上了兩架停放在地上的三角飛行器，這些飛行器被稱為戰鬥機型飛行器。

儘管 CAT-3 的人員現在正在登陸港從多個方向進行重型武器射擊，但他們已經關閉了主要武器吊艙和整個設施的聲波系統，這使得其他團隊可從不同方向和地點進行攻擊。全息圖像系統也被關閉，因此入口、通風井和其他通常隱藏的系統現在完全暴露了。

一支外星安全小組設法關閉了中央樞紐（HUB）的大門，〔CAT-3 攻擊小組的〕前兩名試圖將炸藥靠近以破壞巨大防爆門的人被敵人的火力擊倒。X-22 受到重創，向前滾動，並從不到 40 碼的地方發射了剩餘的火箭。由此產生的爆炸將門炸開，並消滅了另一邊一百英尺內的所有外星人。

由於 X-22 現在正在燃燒的引擎，理查茲不得不指揮 CAT-3 的一支攻擊小組，並在其他小組從其他方向進攻的情況下，通過仍然冒煙的入口進入主要中央樞紐。

道西的多層設施，其中央樞紐由一支龐大的基地安全部隊控制，它證明比人類攻擊者在最初的計劃中準備應對的要廣泛和復雜得多。像托馬斯・卡斯特羅這樣許可級別的訊息來源者不允許他們了解整個行動範圍。他的ULTRA-7權限使他了解了七個（已知的）子級別，或還有更多。

據說大多數外星人都在第5、6和7層，但還有更多。地下還有一個比預期更龐大的穿梭連接網絡，延伸到一個尚未報導的全球網絡，為快速部署的額外〔基地當局〕安全部隊提供逃生路線和入口。

7.3 困難重重的營救受害者路程

在一九八〇年初提交的一份報告中，許多中央情報局的消息來源認為它是阿德霍爾特准將所寫，報告作者指出：

「那些年輕人所做的一切都是傳奇。他們對抗壓倒性的人數和技術，從第1層（包括車庫和機庫）一直戰鬥到敵人基地的內部。部分戰鬥佔領了第2層港口，隧道穿梭機和圓盤維修區本應允許敵方增援進入，而主力部隊則向前衝向第6層和『噩夢大廳』，以營救留在那裡的成千上萬人類受害者。」

他們還沒有為自己在第6層發現的東西做好準備。報告談到了多臂多腿的人類和高達7英尺的類人蝙蝠類生物的籠子（和大桶）。外星人已經學到了很多關於遺傳學的知識，這些東西既有用又可怕。其中大部分都是以人類的痛苦和生命為代價獲得的。

萊瑟斯上尉的飛行器首先到達了第7層，在不到45秒的時間內炸開了中央樞紐的主入口，並以極端的火力壓制了那裡的安全部隊。進入安檢站，他們第一次了解了設施的範圍，找到了監視和控制這一層（單獨）超過三萬名俘虜的系統，以及將俘虜轉移到「測試設施」和「娛樂中心」的控制和安全系統，它們分佈在超過62個不同的地點，目前該處還有額外的四千六百名俘虜被關押。

萊瑟斯上尉提交給國際安全（IS）的報告曾提到這一刻：

「我看著無法用語言表達的恐怖場景的全息圖像，以及處於各種健康和精神狀態的人類動物園。看到年輕女性被折磨的那一刻畫面，我能想到的只有我自己的女兒。然後我集中精神，下令繼續前進，盡可能多地釋放受害者。」

雖然最初的任務計劃要求各小組進行攻擊，盡可能多地摧毀敵方設施，並在不到半小時的時間內撤退，但引入如此多的人類受害者卻為手頭的問題增加了一個新負擔。

雖然沒有負責人員會承認是誰下達的命令及誰記錄的無線電通信和目擊者報告，但似乎表明阿德霍爾特允許年輕的理查茲改變任務要求，因為「可拯救」的受害者人數變得更加明顯。

萊瑟斯上尉的國際安全報告寫道：

「這不像我們的選擇。我們不能讓那些可憐的女孩活著。我們知道任何我們沒有撤離的人，我們都將不得不終止其生命。我們的問題只是數字。成千上萬的外星人試圖殺死我們。成千上萬的人類女性尖叫著尋求幫助。到目前為止，還有數千人已經消失了，我們知道我們必須把他們拋在後面。成千上萬的敵軍開始登上地鐵列車。我們只是沒有準備好進行大規模疏散。

回紐約的地鐵（subtube）和去墨西哥的地鐵似乎還開著，所以我們開始把女孩裝上地鐵車，當知道我們的部隊控制了另一端的車站後，就立即開車。我們把兩個通風井吹得大開，所以幾個小隊可以把女孩從那裡帶到新鮮空氣中，希望我們的人可以把她們安頓起來。CAT-4 在努力阻止外星增援部隊進入主地鐵站時遭受了真正的打擊。

毫無疑問，我們在設施裡待的時間太長了，但當時很難把那些可憐的年輕女性拋在後面。你知道你沒有帶出去的每個人都會死，而且很快會死。」

在X-22首次攻擊主要港口入口整整一小時後，阿德霍爾特下令全面召回。大衛・格里格斯（David Griggs）和麥克奈爾（R.E. McNair）當時已經設法讓兩架外星飛行器空降，其中一種是盤式飛行器，另一種是高度先進的三角戰鬥機，當時它們正在向51區奔馳。羅莎（Roosa）的手下還設法讓一個巨大的盤式穿梭機移動，超過三千六百名人類女性已被裝載並被帶到安全基地。

人類攻擊小隊現在正在煙霧牆後撤退並設置爆炸物。MAT人員發現但被迫留下的可怕設備之一是一種「細胞靜電破壞器」（Cell-Electrostatic-Disruption，簡稱CED）裝置，它是一種可以設置為在亞原子水平上破壞生物細胞的武器，從而殺死生活在一個區域內的一切，同時不會對任何結構或設備造成太大傷害。

為了確保設施內沒有倖存者，MAT技術人員設置了該CED裝置，在攻擊小組完全撤出後不久就會關閉。

領導過濾器攻擊小組的鬼塚中校在指揮一架捕獲的外星三角戰鬥機之前設法修復了X-22的戰鬥損壞。當受傷的理查茲與最後一批獲救的女性以及CAT-4和CAT-3的倖存者奮力撤退時，鬼塚提供了外星戰鬥機的掩護火力。當唐倫上校在他和他的兩個手下擊退外星攻擊突擊隊的同時又裝載了最後一名受害者時，這讓理查茲有時間接觸並重新啟動X-22。

幾乎不知所措，如果當時沒有幾艘戰機衝進港口設施並開始對其他外星人展開殘酷的火力壓制，X-22中的人類戰鬥機很可能無法升空。雖然人們只能猜測這次突然援助的原因，但長期以來一直有報導稱，荷蘭人和他的兒子有高度可疑的地外世界聯繫。根據目擊者對戰機的描述，其中一架戰機的機翼上有符號，標誌著該戰機屬於類似「皇室」的「王子」之類的東西。

不管怎樣，爬行動物（Reptile）戰機都站在人類一邊（事實上，他們在戰鬥中失去了兩艘戰機），並給了X-22和鬼塚的戰鬥機以及最後兩架直升機逃生的機會。攻擊開始後的72分14秒，X-22和帶有王子標誌的爬行動物戰機清除了登陸港的防爆門，衝向安全。

數十枚早已安排好炸彈的爆炸開始炸毀敵方飛船，在他們清除門後的35秒，CED關閉了，導致留在設施內的所有生命形式（外星人和人類）都被分子化（demolecularize）於亞原子水平上。只有少數處於嚴密防護的最低庇護水平者倖存下來。

人類女性倖存者被帶到幾個絕密的軍事基地，在那裡她們被「解除程序」（deprogramed）和「康復」（rehabilitated），以便她們可以在不記得自己遭受過什麼的情況下慢慢地重返社會。

關於道西這場人類與外星人的對抗，科學家與負責所有外星人安全的國家偵察小組（DELTA GROUP）之間有82人喪生。此外，還有數百名其他受傷人員和132名死去的外星人。[10]

正如神秘的「X指揮官」（Commander X）所說：

「……從我自己在軍隊的情報工作中，我可以肯定地說，公眾一直對不明飛行物和『外星人』的現實一無所知的主要原因之一是，事情真相實際上存在著『離家太近而無法做任何事情』」。（註：其話語的意思是：沒有人會想到大批外星人就生活在你腳下2哩處）

五角大樓的發言人怎麼敢承認地下五或一萬英尺處存在著一個與我們幾個世紀以來所擁有的信仰結構「不相識」的另一個世界？例如，當我們只能猜測他們到達地面的路線時，我們最快的轟炸機怎麼可能對那些空中入侵者構成任何挑戰？他們飛得這麼低，躲避雷達，返回他們的地下巢穴？……

灰人或EBE早已經建立了一個堡壘，通過一個巨大的地下隧道系統擴展到美國的其他地方，這個系統在有歷史記錄之前就已經存在了。參與任何攻擊小組的所有人員或被「洗腦」，或因死亡的威脅而發誓保密，或者被殺死。

（注意：戰鬥後的高層內部人士、自私自利的政客和「精英」與發起攻擊無關，但與事後壓制任何有關它的訊息有關。—布蘭頓）。

由於一九八一年控制華盛頓的許多政治右翼將負責攻擊的官員視為英雄，因此大多數人受到不斷變化的政治精英的保護。許多公開支持外星人事業或以某種方式從中獲利的人被迫退出他們的職位近十年。只有當老布希成為總統時，外星人才能返回，而且數量要少得多。

道西戰役終結了外星人利用地球作為人類亞種繁殖箱或在不久的將來隨時接管地球的希望。雖然灰人在一九九三年重新啟動了育種計劃，並且道西設施的一些較低層級在一九九八年重新開放，但數量是數十或數百而不是數千。而美國空軍太空司令部現在跟蹤所有外星飛船，最高機密「飛行」可以隨時做出反應並攻擊異界敵人的持續威脅，並產生戲劇性的結果。

50多年來，無數ＵＦＯ愛好者對ＵＦＯ的濃厚興趣、調查、研究、評估和理論化使現代實地調查人員能夠更好地檢查、評估和識別正在報導的許多不尋常的空中物體。然而，仍有一小部分報導未得到正面確認。

關於一九七九年在道西發生的事情的謠言在20世紀末已淪為傳奇。事實上，與此類報導有關的持續「騙子」幫助美國空軍掩蓋了發生在道西事件的真相，並繼續協助隱藏被毀設施和參與那裡事件的人的努力。

像情報官員威廉．庫珀（William Cooper）這樣的人，他們對真相的了解過於鬆散（即不可靠），可能會以多種方式失去信譽，如果他們成為太大的威脅，就會被解僱。從他們的行為和挑戰權威的意願中可以清楚地看出，這些人絕不能再被允許擔任這樣的權力或權威職位。

雖然「荷蘭人」於一九九六年被處決，他的兒子將在監獄度過餘生，但如果人類想要與外星人和平相處，就必須粉碎創造以上這些人的心態本身。那些知道真正發生了什麼事的少數人可能會失去自由的幻覺，這將是對驚人技術的有價值的交換，這些技術將落入參與新轉移技術的人類精英手中。當然，這可能不容易發生，除非通過再訓練或征服來消除所有人類抵抗力。

從道西戰役中要吸取的重要教訓之一是，只要有少量訓練有素且裝備精良的人類部隊，他們就可以、可能或將採取行動保護地球人民，使輕鬆征服地球變得困難。

一個部門化的軍隊，有一些分支是絕密的，即使是統治這個國家的政治精英也不太確定那裡有什麼，對任何敵人都是威脅。此時，美國空軍太空司令部的武器是如此絕密，以至於五角大樓中沒有人知道它們存在於傳說中。

如果人類要生存足夠長的時間，使其在宇宙文明社會結構中佔據歷史地位，他們必須要麼保護自己免受任何會傷害他們或他們星球的生命形式的侵害，要麼向某種保護他們的星際警察武力投降。目前，有關這樣一支警察部隊的傳聞傳到了知情人的耳中，自衛是唯一真正的選擇。一九七九年襲擊道西設施的人明白這一現實，並將保衛人類的任務掌握在自己手中。

人們只能主觀猜測如果他們沒有做他們曾做過的事情，可能會發生什麼。

7.4 參戰與牽涉人員名錄

阿德霍爾特空軍準將（Brigadier General H.C. Aderholt）：任務指揮官。他的軍事生涯自一九四二—一九七六，曾參加韓戰與越戰。他以非現役身份參加一九七九年的攻擊任務，他逝於二〇一〇年五月二十日，享年90歲。

查爾斯·貝克威斯上校（Colonel Charles Beckwith）：三角洲部隊和CAT-1的指揮官。他的軍事生涯自一九五二—一九八一，他以現役身份參加一九七九年的攻擊任務，他逝於一九九四年六月十三日，享年65歲。

錢伯斯（J.V. Chambers）：貝泰工程師。

米爾頓·威廉·「比爾」·庫珀（William Cooper，一九四三年五月六日—二〇〇一年十一月五日）：情報官。威廉·庫珀是美國陰謀理論家、電台廣播員和作家，他以一九九一年出版的《看一匹蒼白的馬》（Behold a Pale Horse）一書而聞名，他在書中警告了多個全球陰謀，其中一些涉及外星人生活。庫珀還將HIV/AIDS描述為是一種人為疾病，用於針對黑人、西班牙裔和同性戀者。

唐龍上校（Colonel R.H.C. Donlon，一九三四—）：CAT-4指揮官。一九五三加入美國空軍，一九五五年進入西點軍校，不久因個人原因辭退，一九五八年重新入伍，一九六三年加入特種部隊，一九六四年參加越戰。

斯坦利·大衛·格里格斯（Stanley David Griggs，一九三九年九月七日—一九八九年六月十七日）：是美國海軍軍官和NASA宇航員，他因在航天飛機任務STS-51-D期間進行了太空計劃的首次計劃外艙外活動而受到讚譽。他在一九七九年的任務中搶劫了一艘外星飛船。一九八九年六月格里格斯駕駛的二戰時期老式訓練機（一架北美AT-6D）在阿肯色州厄爾（Earle）附近墜毀時喪生。

指揮軍士長哈尼少校（Command Sgt. Major E.L. Haney）：三角洲部隊指揮官／作家。哈尼是一九五二年出生，是三角洲部隊成員，軍事服役期一九七〇—一九九〇。他是《Inside Delta Force》的作者，這是他在精英部隊期間的回憶錄，其中他還寫到他參與了一九八〇年前往伊朗解救美國人質，但最後流產的鷹爪行動（Operation Eagle Claw）。哈尼也是CBS電視連續劇《The Unit》的聯合執行製片。

羅伯特・特拉萊斯・赫雷斯將軍（General Robert. Tralles. Herres）：一九三二年十二月一日—二〇〇八年七月二十四日）是美國空軍軍官及斯科特空軍基地（Scott Air）的美國空軍通信司令部司令，曾擔任參謀長聯席會議第一副主席。

卡爾・戈登・海尼茲（Karl Gordon Henize，一九二六—一九九三）少校：負責組織任務飛行隊。他是美國天文學家、空間科學家、美國宇航局宇航員和西北大學教授。他駐紮在世界各地的多個天文台。他是阿波羅15號和天空實驗室（Skylab）2、3和4號的宇航員支持人員及作為Spacelab-2任務（STS-51-F）的任務專家，

瓊斯將軍（General D.C. Jones）：他於一九七四年七月一日被任命為美國空軍參謀長，並於一九七八年六月二十一日被任命為參謀長聯席會議主席。他還擔任總統、國家安全委員會和國防部長的高級軍事顧問。通過統一和特定司令部的指揮官職位，他還負責執行國家指揮機構關於美國陸軍、海軍、空軍和海軍陸戰隊作戰部隊全球準備和使用的決定。

萊瑟斯上尉（Captain W.R. Leathers）：CAT-2 指揮官。

羅納德・歐文・麥克奈爾（Ronald Erwin McNair，一九五〇年十月二十一日—一九八六年一月二十八日）：是美國宇航局的宇航員與雷射專家，他在一九七九年的任務中搶劫了一艘外星飛船。後來他在挑戰者號（the Challenger）航天飛機發射執行 STS-51-L 任務時去世，當時他是七名機組人員中的三名任務專家之一。在挑戰者號災難發生之前，他於一九八四年二月三日至二月十一日在挑戰者號上以 STS-41-B 任務專家身份飛行，成為第二位在太空飛行的非洲裔美國人。

鬼塚承次中校（Lieutenant Colonel Ellison Shoji Onizuka，一九四六年六月二十四日—一九八六年一月二十八日）：過濾攻擊團隊（FAT）指揮官，他在一九七九年的任務中搶劫了一艘外星飛船。鬼塚中校是一名美國宇航員、工程師和美國空軍試飛員，來自夏威夷的凱阿拉凱庫亞（Kealakekua），他乘坐 STS-51-C 發現號航天飛機（Space Shuttle Discovery）成功飛入太空。他死於挑戰者號航天飛機的墮毀，當時他是 STS-51-L 任務的任務專家。他也是第一個到達太空的亞裔美國人和第一個有日本血統的人。

亨利・羅斯・佩羅（Henry Ross Perot，一九三〇年六月二十七日—二〇一九年七月九日）：幫助資助任務。佩羅是美國商業巨頭、億萬富翁和慈善家。他是 Electronic Data Systems 和 Perot Systems 的創始人兼首席執行官。他在一九九二年獨立競選總統，在一九九六年發起第三方競選，在後一次選舉中成立改革黨。儘管他在兩次選舉中都未能贏得一個州的支持，但兩次競選都是美國歷史上第三方或獨立候選人表現最出色的總統競選之一。據福布斯報導，截至二〇一六年，佩羅是美國第 167 位最富有的人。

小埃利斯・勞埃德・理查茲少校（Major E.L. Richards, Jr.）：綽號「荷蘭人」，國際安全（ＩＳ）負責人及道西戰役的總指揮，已於一九九六年遭處決。

馬克・理查茲上尉（Captain M. Richards）：馬克是小理查茲少校的兒子，CAT-3的指揮官，被判終生監禁。

斯圖爾特・艾倫・羅薩（COLONEL Stuart Allen Roosa，一九三三年八月十六日－一九九四年十二月十二日）：他在一九七九年的攻擊任務中擔任材料採購團隊（ＭＡＴ）指揮官。他是一名美國航空工程師、煙霧彈跳傘員、美國空軍飛行員、試飛員和美國宇航局宇航員，他是阿波羅14號任務的指揮艙飛行員。該任務從一九七一年一月三十一日持續到二月九日，是第三次讓宇航員（艾倫・謝波德和埃德加・米切爾）登上月球的任務。謝波德和米切爾在月球表面待了兩天，而羅薩則待在指揮模塊（Command Module）——「Kitty Hawk」上，並從軌道上進行實驗。他是前往月球的24人之一，他繞月球軌道運行了34次。

埃德溫・保羅・威爾遜（Edwin Paul Wilson，一九二八年五月三日－二〇一二年九月十日）：協助資助任務。威爾遜是前中央情報局和海軍情報局官員，於一九八三年因向利比亞非法出售武器而被定罪。後來發現美國司法部和中央情報局掩蓋了案件的證據，威爾遜的定罪於二〇〇三年被推翻，並於次年獲釋。

泰德・科克倫（Ted Cochran）：科克倫在越南衝突最激烈時刻，曾在西貢的HH-43哈士奇擔任空軍直升機救援指揮官。他也是一九六九年首次登月後阿波羅9號任務的回收部隊的一員。從空軍退休回到加州，一九七二年他獲得斯坦福大學傳播學碩士學位，成為知名電影製片人。在39歲時，科克倫正處於巔峰時期，並且非常願意接受在道西任務等事件中作為直升機飛行員的幫助請求。他是理查茲家族的老朋友，這一事實似乎也與他的參與有關。事實上，有傳言說他曾教荷蘭人如何駕駛大型 HH-43 哈士奇，並曾多次與荷蘭人的兒子一起執行黑行動任務。科克倫是最早被考慮為道西任務中擔任飛行員的人選之一，當時他39歲。道西戰役中科克倫首先帶領美國空軍特種作戰司令部的直升機進入基地。

7.5 共同抵抗外星人的邪惡入侵

(1) 道西戰爭並非僅是一場傳說

道西戰爭是否僅是一場傳說？一些告密者報導了道西的軍事對抗，其中包括菲爾施耐德，他在道西基地、美國的另一個地下基地和全球其他地下基地的建設中擔任地質工程師。施耐德詳細介紹了他自己的背景和一九九五年軍事對抗的存在。這場軍事對抗的真實性不容置疑，除了施耐德另有一些人參與其事或知曉其事，並說出其見證，例如邁克爾．沃爾夫博士在接受記者兼國際通訊員保拉．哈里斯訪問時曾提到，道西交火之後 Alphacom 團隊曾被賦予重建外交關係的額外任務。[11]

說到 Alphacom 團隊，就必然要提到沃爾夫博士這個人，他自一九七九年以來一直擔任總統和國家安全委員會（NSC）關於星際訪客和 UFO 事務的科學顧問。當時他是該 NSC 特別研究小組（聯合國安理會秘密 MJ-12 委員會的美國組成部分）的成員，並一直負責該小組的領頭機構 Alphacom 團隊，該團隊直接負責與星際訪客互動。

沃爾夫博士表示，他的 Alphacom 團隊最重要的任務目標是恢復與來訪的星際國家的談判。在一九五〇年代至一九六〇年代，美國政府與來自恆星系統澤塔網罟座的第四顆行星的澤塔人（所謂的灰人）和其他恆星種族進行了機密協議討論，但這些協議從未按照憲法要求獲得批准。澤塔人與政府科學家分享了他們的某些技術進步，名義上澤塔人科學家有訪客頭銜，但實質上他們在內華達州、新墨西哥州和其他地方的安全地下軍事設施中，經常被視作為囚犯「客人」。

這些星際訪客向美國政府提供了一些反重力飛行器和大量燃料（元素115）。一九七五年五月一日，在內華達州進行的一次此類技術轉讓（小型星際訪客反物質反應堆的演示）中，澤塔科學家與警衛人員發生了一些誤解，因而雙方發生交火及有一些人員傷亡。沃爾夫博士表示，「這一事件結束了與澤塔人的某些交流」。他並說，Alphacom 團隊的另一項任務是確定「我們是否可以使用星際訪客的技術將這個星球恢復到其從前的原始自然平衡狀態」。星際訪客還擔心核裝置大規模擴散到許多國家。

沃爾夫博士還表示，NSC特殊研究小組的 Alphacom 團隊的其他任務是：確定星際訪客的數量和類型、訪問範圍和原因，了解過去和現在人類與星際訪客的互動，了解各種外星訪客的文化，以及我們如何與他們談判。[12]

以上陳述來自理查德·博伊蘭（Richard Boylan）醫生的網路文章，他是一名行為科學家、大學講師、與認證臨床催眠治療師，及UFO研究員，他曾訪談沃爾夫博士，並寫下多篇有關後者生平及從事的文章。據博伊蘭的介紹，沃爾夫博士及其 Alphacom 團隊在美國政府的外星事務圈子應是屬於主和派，他們尊重外星人，主張與外星人透過談判解決問題，並樂意雙方和平共處。這些主張自然與主戰派的陰謀集團（Cabal）的想法南轅北轍。

一九七九年道西地下基地的衝突發生後，美國軍方與外星人好不容易恢復的交流又迅速冷了下來，雙方關係之所以仍然維繫，並未全面中斷的原因，可能是基地的美方管理層在衝突發生之際並未與抵抗陣線站在同一邊，然而未能防範抵抗陣線的自外入侵，他們仍然須負部份責任。至於外來抵抗陣線的人馬是否全屬於陰謀集團？這可未必，猜測其中可能有部份來自陰謀集團，另有部份則來自有正義感的志願人士。

道西衝突事發至今已過去四十餘年，由於衝突發生在地面下，地面多不留痕跡，加之事涉其中的人除極少數人之外，其餘人若非已離世，就是受機密法箝制而三緘其口，因而隨著時間的消失，道西衝突事件愈加遠離人們記憶。然而走過的道路必然留下痕跡，支持道西基地存在的舉報人其證詞表明，這樣的秘密設施確實在開展一系列項目，重點是技術交流、精神控制、基因實驗和被綁架平民的人權侵犯。這些項目中的一個或多個很可能成為ＥＴ種族和秘密政府組織之間的爭議領域。例如施耐德的證詞、他對地質工程的清晰了解以及神秘的死亡都支持他的中心論點，即在道西存在一個地下基地，外星人與美國精英軍隊之間的軍事對抗發生在這個地下設施的最底層。[13]

此外，從參戰與牽涉人員名錄來看，一些人在由 CAT-3 指揮官馬克．理查茲上尉編緝，而由布蘭頓於二〇〇一年冬季出版的這份《道西戰役》的「地球防衛總部」技術簡報（見註解６）時尚還活著，其中如任務指揮官阿德霍爾特空軍準將、指揮軍士長哈尼少校、CAT-4 指揮官唐龍上校、羅伯特．特拉萊斯．赫雷斯將軍、財務資助人亨利．羅斯．佩羅與埃德溫．保羅．威爾遜等人都是一九七九年末道西戰役的最佳見證人。更何況還有道西基地前高級安全官湯馬斯．卡斯特羅的證詞之支持。

邁克爾．薩拉博士（Dr. Michael E. Salla）在其《道西報告》的結論中認為，「本報告中審查的舉報人證詞令人信服地指出，道西基地的存在是一個以前和現在的美國政府—ＥＴ聯合地下設施，由

「黑預算」資金建造，在沒有國會和行政辦公室監督的情況下運營。證詞進一步支持了「道西戰爭」確實涉及美國軍隊、基地安全人員和居民ＥＴ種族之間的武裝衝突的觀點。雖然軍事對抗的確切原因尚不清楚，但確實表明一方或雙方沒有遵守未公開條約中規定的承諾。」[14]

舉報人證詞表明，這些條約承諾之一是確保在基地進行的基因實驗中使用的被綁架平民將得到充分說明，不會受到傷害，並安全地返回其平民生活，因此有理由相信嚴重侵犯人權行為可能已經起到了推波助瀾的作用。在引發衝突中的作用。類似的侵犯人權行為很可能發生在美國和地球上其他國家的其他可能的政府與外星人聯合基地中。[15]

話說ＥＴ種族和秘密政府組織之間的爭端導致了後來被稱為「道西戰爭」的軍事敵對行動，攻擊的目標發生在這個地下設施的最底層（即第7層）。這場衝突的確切原因尚不清楚，但從各種證詞中可以看出，它確實發生了，並涉及大量死亡事件，其中包括美國軍事人員、道西保安人員和ＥＴ種族，及被關押的受害人。

(2) 道西戰爭是由基地外的抵抗組織先引爆

根據卡斯特羅的說法，道西軍事衝突的開始是由於保安人員和有同情心的ＥＴ之間的抵抗運動的增長，他們希望幫助在ＥＴ管區的被監禁人類。最終，100名三角洲部隊精英軍事人員被派去根除開始威脅聯合基地既定安全程序的抵抗運動。這支部隊造成多人死亡，並給ＥＴ居民和基地安保人員造成了嚴重傷亡。

事實上根據參戰人員馬克・理查茲上尉的受訪證詞，他說，他們是卡特派去的，在問此問題之前，採訪者凱里・卡西迪向他詢問了艾森豪威爾在職時發生的情況，以及當時在艾森豪威爾身旁的證人談論他們如何在艾森豪威爾政府期間準備入侵。他說艾森豪威爾希望這個地方（註，當時是指51區，而非道西基地）遭到核彈襲擊。事實上，核武器是他們進入並進行戰鬥的方式之一。[16]

上文提到馬克・理查茲上尉等人的攻擊行動是卡特總統所派遣之事，其原委如下：一九七七年六月十四日當國家安全顧問茲比格涅夫・布里辛斯基博士在白宮會見了吉米・卡特總統之際，當時有其他一些「情報人員和領導人」，向總統提供了一些絕密計劃，這些計劃包括「水瓶座計劃」，以及在道西、51區和其他秘密基地進行的工作。卡特聽後甚為震驚，因此他很快就向軍事情報界值得信賴的軍事顧問尋求如何阻止已經發生的事情。於是由荷蘭人籌劃，組織了一支入侵道西地下基地的部隊，參戰人員是由現役和非現役人員組成，入侵目的是為了救出成千上萬遭囚禁為性奴或作為醫學實驗品的年輕女人。

因此，入侵部隊並非如卡斯特羅所言「三角洲部隊精英軍事人員被派去根除開始威脅聯合基地既定安全程序的抵抗運動」。試想，基地內部的抵抗運動，除卡斯特羅等安保人員配有閃光槍外，其餘人員幾乎是赤手空拳。對付此等反抗武力基地內的安全部隊已足夠，何須動用基地外的維安力量？因此，道西戰役的引爆時機是由入侵部隊的既定程序決定，並非是先由內部引爆，再由外力介入，這點概念應是清晰的。卡斯特羅等人與入侵部隊毫無聯繫，忽然見外力侵入，炮火與子彈橫飛，入侵部隊見非自己人就殺（因為他們根本不知道基地內有抵抗組織），因此卡斯特羅才會誤以為入侵部隊是進來專程剿滅他們的武力。

(3) 應對衝突

根據《外星生活大傳奇》與本書的情節敘述，及所有出場的證人證詞顯示：從過去到現在，一切已發生的事情無不表明，外星人不但早已來到地球，而且他們對地球與人類的野心隨著時間正越來越膨脹。如今他們不但有組織與有計劃地逐步侵蝕地球，而且正在企圖質變人類。其最後目的是取代人類的地球之主導地位，進而奴役人類，並將地球轉化為征服宇宙的中轉站。

我們的安全涉及對三個標準的一些評估。首先，他們（外星人）的技術究竟有多先進？其次，他們與我們的身體有多像？第三，他們是否友善？他們想要什麼？

首先，從外星人擁有無遠弗屆的星際旅行能力看，他們的科技顯然極大地優於我們自己的，到底差距有多大極難估量，可能從數百年到數千年，甚至萬年。其次，儘管科學家斷言星際旅行或跨維度旅行是不可能的，但這些生物事實上已經成功地到達了地球，無論他們來自何處。第三，雖然有中立甚至消極的互動例子，但也有一些例子表明外星人對人類缺乏關心或同情，甚至有一些表現出敵意。至於他們想要什麼，上文已有拆解。

我們應該如何應對未來可能發生的星際衝突？如今能想到的大約是以下數點，首先是各國須棄干戈，彼此團結，共同抗外。這一點美國戰爭英雄道格拉斯·麥克阿瑟將軍（General Douglas MacArthur）過去已講得夠清楚的了，他曾兩次暗示未來人類與來自太空的外星人之間可能發生的戰爭。據報導，在一九五五年的一個場合，他告訴一位記者，「由於科學的發展，地球上的所有國家都必須團結起來才能生存，並建立共同戰線，對抗來自其他星球的人的攻擊」。一九六二年，在對西點軍校畢業班的演講時，他提到了「團結的人類與銀河系其他行星的邪惡力量之間的終極衝突」。後來羅納德·雷根總統關於假設的外星人入侵的幾項陳述也是一個警示。作為一個曾經是UFO目擊者，並且也聽取了有關該主題簡報的人，他似乎不太可能只是異想天開。

第二點是建立星際統一戰線，聯合外星人中對人類友好的種族。對不友好的種族；根據敵對程度進行分化，並縮小打擊面。最後，也是最重要的是，提防與殲滅人類內部與敵對外星人沆瀣一氣的內奸。

說到星際統一戰線的建立，首先就是要能分辨與人類為敵或為友的外星種族究竟是誰？根據卡西迪在獄中對馬克·理查茲上尉的訪談，後者提到：

「爬蟲人（reptilians）有兩個種族（實際上還有更多的爬蟲人種族），但是有兩個主要的爬蟲人種族與人類為敵，想要佔領地球，為自己奪回地球。其中一組爬蟲人更像人，他們能用腿站立，隨著時間的推移甚至失去了尾巴等等。然後還有另一種種族，它就像一個更傳統的爬行動物，長著尾巴的種族。在大多數情況下，這兩個群體都沒有積極地對待人類。他們確實認為他們擁有地球，並且也在與猛龍（Raptor）種族爭奪地球的所有權。

人類正在幫助猛龍，而猛龍種族也正在協助人類與這些爬蟲人種族作戰，這兩個種族都有不同的目的，但或多或少都與奪回地球有關。另有一群德拉科（Draco）。他們有翅膀。其統治階層稱為『Cikars』。他們是完全不同的種族。

換句話說，儘管我們的大氣層對外星人中的許多人來說在大多數情況下都很難對付，但地球有許多不同的外星種族在活動，他們確實已經在進進出出這個星球。」[17]

目前進出地球大氣層的外星種族並不止爬蟲人與猛龍兩大系，還有許多人形種族與昆蟲形種族，他們中有一些種族對人類是較友善的，或者是無害的，這些種族都是可以爭取的對象。

第三點是我們須盡最大努力，避免讓地球暖化及輻射化，以免讓它成為外星人的溫床。外星人對天氣非常敏感，也善於控制天氣。他們不適應寒冷的天氣，因此一個溫暖的地球最有利於外星人的居住，他們會盡其所能地促成地球暖化。至於控制天氣方面，在布蘭頓對托馬斯·卡斯特羅的訪談中，後者宣稱：「戰爭已經開始了。首先，他們使用可以在數小時內癱瘓一座城市的「天氣控制」設備。風暴、洪水和乾旱——憑藉這幾樣東西，他們可以讓任何國家迅速屈服。」[18]以上這段話是一個警示，我們不應將所有與天氣相關的災害視為天然災害。

至於輻射化問題：理查茲上尉確實同意，隨著甲烷和涉及輻射的福島（Fukushima）災難，地球的土地耕作是為了使地球更適合某些種族，包括爬蟲人，以便他們可以更容易地進入我們的大氣層。他們在這個星球上經營，他們正在尋求利用輻射來創造人類2.0。正如X戰警電影所說，他們正在尋找變種人，因此這正是他們希望降落的地方。因為變種人可以更好地抵禦輻射，這使得他們能夠更輕鬆地在太空中旅行。[19]

第四點是可以考慮對外星人進行細菌戰。貝泰老員工約翰·錢伯斯曾說，一些爬蟲人對某些人類細菌有致命的敏感性問題，例如花粉症可能對他們造成致命性。因此，生化武器可能是對付外星人的有效武器，然而劍有雙刃，使用時須小心，避免傷了自己。

註解

1. Bruce Walton (aka Branton), Interview With Thomas Castello – Dulce Security Guard. In Beekley,

Timothy Green, Christa Tilton, Sean Casteel, Jim McCampbell, Dr. Michael E. Salla, Leslie Gunter, Bruce Walton.

Underground Alien Bio Lab At Dulce: The Bennewitz UFO Papers. Global Communications (New Brunswick, NJ). 2009, p.131

2. Ibid., p.132

3. Richard Boylan, Ph.D., Official within MJ-12 UFO-Secrecy Management Group Reveals Insider Secrets.

https://www.bibliotecapleyades.net/sociopolitica/esp_sociopol_mj12_4_2a.htm#official

4. Richard Boylan, Inside Revelations on the UFO Cover-Up.

https://www.bibliotecapleyades.net/sociopolitica/esp_sociopol_mj12_4_2b.htm#inside

5. 馬克・理查茲上尉的個人詳細說明見《外星科技大解密：時間旅行與秘密太空計劃》，大喜文化有限公司（新北市），二〇二二年二月。

6. The Battle at Dulce. E.D.H. (Earth Defense Headquarters) Technical Brief. Winter-2001 Edited by Captain Mark Richards, Published by – Earth Defense Headquarters

http://www.edhca.org/Condensed and re-edited by 'BRANTON' with the permission of E.D.H.

https://www.bibliotecapleyades.net/offlimits/offlimits_dulce08.htm

Accessed 6/26/19

Note, this is a greatly condensed version of the 'DULCE BATTLE' Report…

The full 166 pages version of this – and other E.D.H. Research Reports – are available at http://www.edhca.org/12.html

7. Space Command – Project Camelot Interviews with Captain Mark Richards by Kerry Cassidy, 2013-2014. Interview 1: Total Recall – My interview with mark Richards, November 8, 2013。
https://www.bibliotecapleyades.net/sociopolitica/sociopol_globalmilitarism180.htm
Accessed 6/26/19

8. 反重力飛行器 X-22A 的介紹見《外星人傳奇首部》§ 9.4

9. 詳情見《外星人傳奇首部》§ 7.3

10. Carlson, Gil. Secrets of the Dulce Base: Alien Underground, Wicked Wolf Press, 2014, pp.25-26

11. The Earth Must Survivel – The Michael Wolf Tapes II – April 1999. By Paola Harris , April 1999 from PaolaHarris Website.
https://www.bibliotecapleyades.net/sociopolitica/sociopol_wolf01.htm

12. Richard Boylan, Ph.D., Member of the MJ-12 Committee (UFO-Secrecy Management Group) Reveals Insider Secrets
https://www.drboylan.com/wolfdoc2.html

13. Michael E. Salla、The Dulce Report: Investigating Alleged Human Rights Abuses at a Joint US Government-Extraterrestrial Base at Dulce, New Mexico.
https://exopolitics.org/archived/Dulce-Report.htm

Accessed 6/28/19

14. Michael E. Salla · The Dulce Report, op. cit.
15. Ibid.
16. Space Command – Project Camelot Interviews with Captain Mark Richards by Kerry Cassidy, 2013-2014. Interview 1: Total Recall – My interview with mark Richards, November 8, 2013。https://www.bibliotecapleyades.net/sociopolitica/sociopol_globalmilitarism180.htm Accessed 6/26/19
17. Space Command – Project Camelot Interviews with Captain Mark Richards by Kerry Cassidy, 2013-2014. Interview 1: Total Recall – My interview with mark Richards, November 8, 2013。https://www.bibliotecapleyades.net/sociopolitica/sociopol_globalmilitarism180.htm Accessed 6/26/19
18. Bruce Walton (aka Branton), Interview With Thomas Castello – Dulce Security Guard. Op. Cit., p.131
19. Space Command, Interview 1, op. cit.

懷念

編著：此章節的內容是作者完成此書的原因之一。

本名陽立己的「阿才」是我大學班上最幽默的人物，也是那段校園生活中印象較深刻的朋友。為何大家稱小楊為「阿才」已不可考，但無非是認為他頗有才能吧！

確實如此，阿才會讀書，常能想出怪招，更兼手上功夫也不賴。在大三暑假車籠埔兵工學校受訓期間，他對各式槍械的分拆與組裝既快又好，常得長官誇獎。當大夥出操回來個個大汗淋漓累得像狗之際，往往阿才一句黃灰笑話，惹得大家笑得前赴後仰，疲勞頓失。

阿才在礦冶班上年紀最輕（民國39年次），待人和氣，又生就一張娃娃臉，光這些就討人喜歡。礦冶系內分著截然不同的兩組，分別為採礦和冶金，阿才與我的主修是前者。當年我如何選上該組，如今已說不上來。起初也許談不上興趣，只是聯考考上了，但既然讀了慢慢浸淫其中，卻也漸漸喜歡上了它。

採礦組人數不多，全組也就12個本地生，加上幾個馬來西亞、印尼與香港僑生，就算全員到齊，在一個60人座位的課堂上，上起課來人頭也是疏疏稀稀，若有人蹺課情形就更不妙了。在這些稀疏人頭中總少不了阿才。本來岩石、礦物與地質的課程就很枯燥，但有阿才坐鎮，總能讓課堂逢枯生春，笑聲不斷。因此阿才實為班中台柱，上課少了他就如吃海鮮大餐少了龍蝦，怎麼吃都不上味。

大學畢業後我離開了學校去服預官役，阿才則留校續讀研究所，一年後我返校任地科系助教始有機會與阿才再見面。不久阿才碩士班畢業，我則轉至礦冶系任助教並兼研究生。畢業典禮那天我在研究生室遇見了風塵僕僕趕來參加兒子畢業典禮的楊父。楊老伯擔任員林中學國文老師，家學淵源，無怪阿才出口成章，恢諧不斷。

離開學校後阿才在接著的一年預官役期間認識了在金工所做事的謝小姐。退役後阿才到苗栗台探處工作，後來升任鑽井隊副隊長。工作期間他與謝小姐結了連理，不久並誕下了一個可愛的寶寶。這之後不久我也因結婚而搬出了助教宿舍。

阿才雖有了妻小，但他努力向上的一顆心不減。一天，我在系值班室突然接到他囑我幫其申請英文成績單的電話，原來他準備申請美國大學研究所。我深為阿才的上進心所激發，本來一顆懶惰的心也開始蠢蠢欲動了。

電話後不久的一天黃昏，我於晚飯後閒步到居家附近的麵包店，購完物後正轉身想離開，抬頭見置於門首右上方的電視機正播出晚間新聞。其間突然插播中油公司的氣管爆裂，現場工作人員楊立己遇難的特別消息。我聞此訊，內心頗為吃驚。想著，阿才正值英年，上蒼奈何待其如此不公。

不久我赴苗栗參加其追悼會。棺木前楊嫂雖強裝鎮定，但仍難忍悲戚。身旁一位剛會講話的小男孩，一邊拉著媽媽的衣襟，一邊張著無辜的大眼睛不斷地問：「爸爸在哪？」我聽了當時一陣心酸直衝腦門，此情此景至今無法忘記。這事之後多年，我有時會在夢中見到阿才，只見他神情依舊，恢諧不改，時光似乎凍結在大學生活那一刻。雖然如此，但夢中的我似乎依稀感覺，眼前人物像煙又像霧，隨時會消失似的，只不知為什麼？這樣的夢直到最近幾年還曾出現。

除了阿才另一位校園老友，阿智，同樣觸動我的心懷。話說彼時（大二時）礦冶一班雖僅六十多人，但就如一個小型社會，充滿各色人等，其中每人志趣與性情各有不同。有人宅心仁厚，處處與人為善；有人則唯利是圖，對鄉國與朋友都不牢靠（按：這型「礦冶黃安」是我多年後才知道的，大二當時並不知曉）。有人鎮日圖書館K書，志在出國留學；有人則成天冶遊，儘享美好時光。如此，一個小小的班內分成了數個趣味各不同的小團體，人人各自交結其同好，我與阿智的交往也從此時開始。但我從來不是一個用功的學生，如何會跟用功的阿智趣味相投？這還得從我的正書雖不多讀，左道旁門的書卻從不曾少看的怪習說起。

話說我的大學生活一向散漫，大二下學期開始，我租住於東門路巷弄內一處民宅。在那裡我沒有自己的房間，平時與房東兒子及另一位同班系友同睡於二樓通鋪。環境雖然不是很好，但因房東太太為人風趣，待人寬厚，故我在該處將就著，直住到畢業。

這期間，我與住於附近另一同班（但不同組）田聰智常有交往。這位我口中的「阿智」是個略顯瘦削的帥哥，他外表看來不是很硬朗，平時非常用功，功課也很好。這倒與我略不同，我平時很少花時間於份內課業，相反地，卻常浪擲光陰於一些怪裏怪氣的刊物或左道旁門的問題。阿智與我可能就是這一點有著互補吧，我倆常於週末湊在一起聊天兼胡蓋，有時竟日不倦。

彼時阿智與另一同班「阿香」同租住於民族路林先生處，他倆住的是一日式獨立房間，夜晚睡在榻榻米的通鋪上，房東一家六口則住於隔鄰另一棟日式大屋。除了期中、期末考，每逢星期六的晚上我常到阿智處閒聊，有時就在那裡過夜。

聊天內容有時或涉系內老師的玩笑，例如談談老盧與老鄺兩位前系主任的趣事，二老的姓氏諧音及其面和心不和的當時進行式正意味著冶金與採礦兩組的後來分家。玩笑有時也開到其他師長頭上，特別是喜歡摹擬一位儀器分析老師的腔調。此公教學認真，惟本身受日式教育，慣於以日本腔唸英語。如 sample（樣品），他唸成「山—普—魯」；又如 acetone（丙酮），他唸成「阿—西—洞」。如此一番胡鬧後一個晚上就這樣清鬆地打發了。

林先生一家待阿智很好（大半是因他是個品學兼優的好學生之故），我因常去找他，也同受到他們的款待。常常晚上九點之後，每當我們還在租房閒聊時往往就是房東那位美麗端莊的二女兒（當時正唸家專二專部）端著熱騰騰點心過來的時候。

有一次吃完了房東的點心之後，我向阿智打趣說：「林先生選乘龍快婿，我等亦同沾其光矣！」阿智聽了，臉孔一紅，連忙說他與一位家居汐止的政大女友正在交往中。此時我才知道平時老實內向的阿智，交女友卻有一手。

大學驪歌初唱後我與阿智各奔東西，雖一起服預官役，但他在本島，我到金門。退役後他立即奔至德州大學奧斯汀分校唸碩士，我則留在母校。不久之後我聽說阿智拿到學位，且在美國找到工作，同時與汐止女友結了婚。

我聽到老友三喜臨門，心中很為他高興。畢竟阿智平時用功讀書，對女友也很用心經營，如今終於苦盡干來，事所當然。不料不久之後我到林先生家拜訪時竟聽到阿智因急性肝炎在美去世的惡耗。原來阿智與其房東感情深厚，雖然畢業了但雙方常互通音訊。阿智惡耗據說是由智嫂告知林先生的。我聽聞此事頓感人生之無常，竟不知如何接腔。

約一個月後，我與阿香及當時正唸師大二年級的林先生兒子一行三人會合於台南火車站，然後再搭車至山上鄉阿智的老家靈堂祭奠。稍後手捧阿智骨灰盒的智嫂（未有小孩）及一班親友等，一起步行往郊外墓地。待一切安葬工作結束後，我問智嫂此後做何打算。她說她仍要返美繼續工作，我聽了此話，再望望眼前隆起的新墳旁豎立的大理石墓碑，頓興曲終人散之慨，也許這就是另一種人生吧！

寄語阿才、阿智兩位老友，雖然你我天人相隔，但死亡並非一切的終結，你倆的精神永活在老同學的心中。

國家圖書館出版品預行編目（CIP）資料

外星地囚：隱藏在道西地下的人間煉獄 / 廖日昇著. --
初版. -- 新北市：大喜文化有限公司, 2023.01
面；　公分. --（星際傳訊；STU11104）

ISBN 978-626-95202-9-9（平裝）

1.CST: 外星人 2.CST: 奇聞異象

326.96　　111021412

星際傳訊 STU11104

外星地囚

隱藏在道西地下的人間煉獄

作　　者：廖日昇
發 行 人：梁崇明
出 版 者：大喜文化有限公司
封面設計：大千出版社
登 記 證：行政院新聞局局版台省業字第 244 號
P.O.BOX ：中和市郵政第 2-193 號信箱
發 行 處：23556 新北市中和區板南路 498 號 7 樓之 2
電　　話：02-2223-1391
傳　　真：02-2223-1077
E-Mail：joy131499@gmail.com
銀行匯款：銀行代號：050　帳號：002-120-348-27
　　　　　臺灣企銀　帳戶：大喜文化有限公司
劃撥帳號：5023-2915，帳戶：大喜文化有限公司
總經銷商：聯合發行股份有限公司
地　　址：231 新北市新店區寶橋路 235 巷 6 弄 6 號 2 樓
電　　話：02-2917-8022
傳　　真：02-2915-7212
出版日期：2023 年 1 月
流 通 費：新台幣 380 元
網　　址：www.facebook.com/joy131499
I S B N：978-626-95202-9-9